鸟国拾趣

NIAOGUOSHIQU

谈宜斌 / 著

中国林业出版社

图书在版编目(CIP)数据

鸟国拾趣.下/谈宜斌著.--北京：中国林业出版社，2016.3
ISBN978-7-5038-8384-2

Ⅰ.①鸟… Ⅱ.①谈… Ⅲ.①鸟类–普及读物 Ⅳ.① Q959.7-49

中国版本图书馆 CIP 数据核字（2016）第 036397 号

中国林业出版社

选题策划：何 蕊 刘香瑞
责任编辑：何 蕊 许 凯

出版	中国林业出版社（100009 北京西城区德内大街刘海胡同 7 号）
	http://lycb.forestry.gov.cn 电话：（010）83143580
印刷	北京雅昌艺术印刷有限公司
版次	2016 年 3 月第 1 版
印次	2018 年 7 月第 2 次
开本	880mm×1230mm 1/16
印张	7
字数	150 千字
定价	35.00 元

前言
PREFACE

  自从人类在地球上出现以来，人们就和鸟类建立了密切的关系。开始人类只知道捕获它们，吃其肉，饰其羽，慢慢地学会驯化和饲养。随着历史的发展和人类文明的进步，人们又逐步认识到鸟类不仅是大自然的重要组成部分，也是人类的亲密朋友，不可猎捕和残害，爱鸟就是爱我们人类自己。

  千姿百态的鸟类，绝大多数是对人类有益的。特别是食虫鸟类和猛禽，是消灭农林业害虫和害鼠的能手，对维持自然界生态平衡、减少环境污染及疾病的传播作出了特殊的贡献。绝大多数鸣禽，体态优美，羽色艳丽，鸣声婉转，风姿绰约，使大自然显得生机勃勃，给人们的生活环境增添了美好色彩和无穷乐趣。不少观赏鸟类还对丰富群众文化生活，发展经济、文化、教育和对外往来等方面发挥了重要的作用。至于鸟类在迁徙、求偶、觅食、鸣叫、筑巢、产卵、育雏、避敌等各方面所具有的复杂和奇妙的行为，更是科学工作者和鸟类爱好者的研究课题。如鹰隼的视力、海燕的翅膀、鸽类的方向感和归巢性等，为电子光学技术、空中飞行器的制造、仿生学的研究均提供了宝贵的资料。

扫一扫看视频

红尾伯劳

我们中华民族，历来就有爱鸟的优良传统。早在三四千年前，人们就注意保护益鸟，并且把野生的红原鸡驯养成家鸡。《礼记·王制》载："不麛，不卵，不杀胎，不殀夭，不覆巢。""麛"指的是鹿的幼崽，"卵"即鸟卵，意思是说不许捕杀幼鹿和捣巢取卵。汉宣帝刘询曾下诏："三辅毋得以春夏摘巢探卵，弹射飞鸟。"《十三州记》记述晋代时，"上虞县有雁，为民田春衔拔草根，秋啄除其秽。是以县官禁民不得妄害此鸟，犯则有刑无赦"。其后，自南北朝至唐宋元明清各代，几乎都有禁捕繁殖期间鸟兽和不准掏鸟蛋的禁令，严禁滥捕猎杀。如：元朝就专门有"严禁狩猎天鹅、隼鹰"的法规条文。

1948年4月9日，毛泽东和周恩来到山西省五台山台怀镇考察寺庙文物时，看到和尚贴的"劝君莫打三春鸟，子在巢中盼母归"的标语时说："应广泛宣传"；又风趣地说："我们不是从僧人'放生'的立场莫打三春鸟，而是从三春鸟保护林木这点出发。"中华人民共和国成立以后，党和政府对野生动物资源的保护十分重视，颁布了一系列的管理条例和法规，建立了许多鸟类自然保护区。1982年，国务院规定每年从4月至5月初在全国各省、自治区、直辖市开展"爱鸟周"活动，许多地方还确定了"爱鸟节"和"爱鸟月"，使全国性的爱鸟活动蓬勃持久地开展了起来。

鸟类是一个大王国。本书是一部鸟类知识小品集，重点介绍了一些鸟类的形态构造、生理功能、生活习性、繁殖特征、观赏价值、奇闻趣事以及对农林业带来的益处和维持生态平衡的功绩，还叙述了古今中外人们爱鸟、护鸟、赏鸟和对鸟类的讴歌等多方面的内容，使读者见其文如同见其鸟，见其插图和扫描二维码视频如同观其鸟。有较高的阅读和收藏价值。但如有不当之处，请读者指正。

谈宜斌　于江西贵溪寓所

2015年7月30日

目录 CONTENTS

- 霸鹬之霸和贼鸥之贼 …… 001
- "臭美"戴胜 …… 004
- 爬树鸟——旋木雀 …… 007
- 变色之鸟——雷鸟 …… 009
- 星鸦的过冬准备及其他 …… 011
- 嘴形奇特的红交嘴雀 …… 013
- 奇异的犀鸟 …… 015
- 百灵鸟与鸟类的排泄特点 …… 017
- 相思鸟与鸟类的配对 …… 020
- 斑鸠的"金蝉脱壳" …… 022
- 鸟类摄食趣例 …… 024
- 特殊的友谊 …… 027
- 南来北往的雁 …… 029
- 北极燕鸥与候鸟迁徙 …… 032
- 夜鹭和候鸟的导航 …… 034
- 绣眼鸟和五颜六色的羽毛 …… 036

- 鹧鸪啼声译意 …… 039
- **哑巴白鹳** …… 041
- 鸟语人亦知 …… 043
- **世界上最大的鸟——鸵鸟** …… 046
- 花的"媒人"——太阳鸟 …… 048
- **白鹇白如锦** …… 050
- 白头翁诗话 …… 053
- **寿带鸟的尾羽长又长** …… 055
- 孔雀开屏 …… 058
- **揭白腰文鸟算命的底** …… 060
- "百舌鸟"乌鸫 …… 062
- **歌星画眉** …… 064
- 八哥鹩哥哥俩好 …… 067
- **鹦鹉仿人言** …… 069
- 家鸡都从此鸟来 …… 072
- **象征和平的鸽子** …… 074
- 旅鸽的绝灭 …… 077
- **飞机害怕与飞鸟相撞** …… 079
- 图腾海东青 …… 081
- **国徽上的珍禽** …… 084

蛇雕与传说中的鸩	087
简明鸟类分类	090
鸟类的环志	093
古人爱鸟的故事	095
国外的爱鸟情	100

鸟国拾趣

NIAOGUO SHIQU

霸鹟之霸和贼鸥之贼

"鹊巢鸠占"这句成语,原意是指喜鹊的巢被斑鸠占去了。这用《诗经》的话说即是"维鹊有巢,维鸠居之。"人们多用来比喻强占别人的房屋、土地、财产等。其实,斑鸠心地善良,弱不禁风,根本占领不了比它大得多的喜鹊的巢。但在鸟类中,确实有些鸟热衷于侵占别种鸟的巢,霸鹟即为其中之一。

霸鹟是一类性情凶猛的小鸟,最大的也只有88克重,长29厘米,广泛分布于南美洲和北美洲的热带地区。这类鸟脚爪坚硬,嘴巴锐利,尾长有叉,飞行在空中好像是一把张开的剪刀。由于它们英勇善斗,敢于同比自己体型大得多的动物搏击,故又有"必胜鸟"之称。霸鹟遇到了天敌,往往是以防不胜防的速度飞上去,叼住对方的后背死不放,使欺负它的鸟甩也甩不掉,驮也驮不起,最后不是因负重过久而累坏,就是因流血过多而伤残。即使比霸鹟大几倍的鹰隼等猛禽,见了霸鹟也畏惧三分。

虽然霸鹟善于营巢,却懒得很,它嫌寻找和收集筑巢材料太费事,就经常去偷窃。有人目睹过一只霸鹟飞到白耳蜂鸟的巢旁,大大咧咧地撕扯巢底部的巢材,然后叼着去筑自己的巢。开始只是抽一两根,后来胆子越来越大,在一天之内,竟往返偷窃多次,结果导致这家巢主所产的卵全部从底部掉下摔碎。另一次,两窝相隔不远的霸鹟巢主,互相偷对方的巢材,待双方发现后,打斗得你死我活,你拆我一根,我也要拆你一根,谁也不让步,结果以两败俱伤而告终。

更有甚者,霸鹟还明火执仗地打家劫舍。特别是当它外出"旅游"耽误了筑巢时间、迫切需要产卵孵雏的时候,便采取了霸占的策略。曾有人看见,一只霸鹟钻进正在孵卵的棕鸟巢里,用嘴叼着棕鸟的尾巴,把它赶出巢外,然后将巢据为己有。阴险的是,霸鹟的同类还互相合谋,当它们

短尾贼鸥 摄影/王尧天

看中别种鸟的巢时，便派出其中的一只去找这个巢的巢主闹事，待这个理想住宅的主人应战时，另一个同伙就趁其不备溜进巢内，扔掉原来主人的卵或雏，强占其巢。

南极科学考察队员刘永诺在接受记者采访时，谈了许多在南极考察的趣事。他说南极的鸟儿十分乖巧可爱，总爱跟着人打转转，或站在离人不远的地方，偏着脑袋瞅人。可是有一种鸟却十分讨人嫌——这就是贼鸥。

贼鸥又名海鹫，是一种大型猛禽，全身羽毛褐黑色，钢爪利喙，凶恶得很。考察队初到南极时，以为这儿没有贼，便把食物放在帐篷外面，谁知竟被贼鸥偷食。贼鸥最爱吃鸡蛋，它偷窃的技术是很高明的，先把鸡蛋从筐内叼出来，然后啄破蛋壳，吃掉里面的蛋汁。考察队员"侦察"到这一情况后，便提高了警惕，暗暗地把鸡蛋藏了起来。

事实上，贼鸥之"贼"，不光偷，而且抢，常被称为"海盗鸟"。南极有一种温柔善良的企鹅，善于潜水捕捉海底动物。当贼鸥发现企鹅嘴里衔着鱼时，便猝不及防地从空中俯冲下来抢走。要是企鹅反抗，贼鸥便嘴啄翼打，脚踢爪抓，迫使企鹅将食物吐出来。在企鹅孵卵育雏期间，贼鸥还纠集同伙，袭击企鹅的栖息地。好像分了工似的，一些贼鸥去挑衅地攻击企鹅，将企鹅引出巢窝；另一些贼鸥去掠夺企鹅巢窝的卵或幼雏，以便共同分享。只有吃饱了，才蹲伏下来休息，不干坏事。企鹅在忍无可忍的情况下，偶尔也进行反击。它们首先齐声呼号，向远近兄弟部队发出警报，而后集合队伍，对垒

交战，可惜企鹅不是贼鸥的对手，多数成为贼鸥的手下败将。

　　贼鸥不仅欺负企鹅，而且还袭击别种鸟，乃至人类。它从不筑巢，却专门侵占别种鸟的巢，闹得鸡飞蛋打，四邻不安。要是有人不小心踏入贼鸥的繁殖地，它便不顾一切地袭来，在头顶上乱飞乱叫、拉屎，还抓咬、撞击人体，如不加以防卫，就有击伤的危险。据说，贼鸥嘴内能喷射出一种碱性很强的唾液，刺伤人的皮肤，损坏人的眼睛。有一位记者，曾靠近一只正在孵卵的贼鸥拍摄照片，被贼鸥喷了一身唾液，幸好他穿着鸭绒袄，才未伤及要害部位。

黑脸琵鹭

"臭美"戴胜

鸟的大肠短，无膀胱，存不住粪便和尿液，有随地便溺的生理特性；且由于鸟的输尿管和大肠跟泄殖腔（排泄和生殖的腔道）相通，尿液经过肾小管和泄殖腔的浓缩，也就混着粪便频繁地排泄了出来。无论是飞翔、奔走、游泳还是休息，什么时候有粪便就什么时候排出。特别是在鸟类群集的树下或海岛上，往往会看到白一堆、黄一堆的鸟屎，很不雅观。但在鸟巢内，却很少看到鸟的粪便，乃至离鸟巢方圆几十米的地方也看不到鸟屎，就连孵雏后必然遗留的卵壳也没有看到。这说明鸟还是讲究卫生的。

为了保持巢内的清洁，防止敌害寻踪追杀，亲鸟从不在巢内排便，也不在巢的附近留下粪便。雏鸟排出的粪便，一律由亲鸟用口衔出抛到很远的地方。如此说来，是不是所有的鸟都有这种良好的卫生习惯呢？回答是否定的。被人们贬为"臭美"的戴胜，其巢就极不卫生。"头戴花蒲扇，臭名天下扬。"这一民间小谜语，谜底便是戴胜。

戴胜有许多别名，有称山和尚、花蒲扇、鸡冠鸟、发伞头鸟的；也有称胡哱哱、山咕咕、咕咕翅、臭姑鸪的。属鸟纲，佛法僧目，戴胜科，为攀禽中的一种。体长约30厘米，体羽以棕褐色为主，翅膀和背羽有黑白分明的横纹图案，飞翔时可以清晰地看到贯穿双翅的5条白色横纹，展开的黑色尾羽也会显露出1条宽度较大的白色横纹。最显眼的是，戴胜头上有棕栗色而羽端为黑白两色的冠羽，看上去好似一把花蒲扇，真是美丽极了。古人有诗赞曰："星点花冠道士衣，紫阳宫女化身飞。"（贾岛《题戴胜》）"映日华冠动，迎风绣羽开。"（张何《织鸟》）"青林暖雨饱桑虫，胜雨离披湿翠红。"（僧守仁《戴胜》）

戴胜几乎分布全国各地，在长江以南区域为地方性留鸟，长江以北为旅鸟和夏候鸟。常在郊野、田园等处单独或成对活动，很少见到聚集成群的戴胜。戴胜在地面上行走觅食，有时停立在农家屋顶、墙头或树枝上。一旦受惊，立刻呈直线地飞返附近的高处不动，再受惊才远走高飞。稍一激动，便开始鸣叫："呼——哧——哧、呼——哧——哧……"音节由高而低，叫得很急。同时冠羽耸起，随即下俯，如同折扇之开合；头亦上下摇动，好似频频点头。确实有几分妩媚的姿态。

尽管戴胜漂亮得像个小仙女，鸣声也比较动听，但却不讲卫生，懒惰得很。有一个流传极广的民间故事，说戴胜是懒婆娘变的。这个懒婆娘既不煮饭洗衣，也不扫地抹桌，一切家务全靠丈夫包揽，而她天天梳妆打扮得花枝招展。后来，她丈夫出

戴胜 ｜ 摄影/王尧天

门去了，懒婆娘自己不会料理自己，也就因饥饿而死并化为一只美丽的鸟儿，名曰"臭姑鸪"。戴胜的确像个懒婆娘，你看它的巢内，粪便堆积如山，到处是吃剩了的残渣和昆虫的尸体，可它从来不清扫。所以凡是戴胜栖居的地方，很远就能闻到一股臭味。更扫兴的是，雌鸟在孵卵育雏期常从尾部腺体中喷射出一种黑棕色的油液，其味奇臭，如沾到手上恶臭味几天也不会消失。

戴胜在五六月份繁殖，巢多筑在树洞或石头缝里，有的干脆借用啄木鸟的巢。1年繁殖1窝，每窝产卵5~8枚。雌鸟产出第1枚卵后即开始孵卵，孵化期18天左右。雏鸟出壳时，全身呈肉红色，只有头顶、背中线、股沟、肩

戴胜 ｜ 摄影/王斌

和尾长有稀稀落落的绒羽，要经过双亲近一个月的饲喂，才能离巢独立生活。在整个育雏期，雏鸟随窝便溺所产生的臭味，加上亲鸟时不时喷射出来的臭液，无疑是一种防身的毒气弹。凭着这种恶臭，可以阻止天敌钻进巢内残害鸟卵和雏鸟，还可以去抢占啄木鸟等洞穴类鸟的巢，使后者忍受不住这种臭不可闻的气味而退避三舍。因而，在一个树洞子里，只要戴胜住过，其他鸟儿便都不愿再住，至少在短时间内不会有鸟儿来这里安家。

戴胜是农林益鸟。早在中唐前期，著名诗人韦应物就在《听莺曲》中吟道："伯劳飞过声局促，戴胜下时桑田绿。"戴胜主要以昆虫为食，它爱吃蝼蛄、螟虫、行军虫、天牛幼虫等危害农业和林业的害虫。即便是深藏在地底下的地老虎和金针虫，它也会用细长稍弯的喙插进土里翻掘出来吃掉。当然也取食一些诸如蚯蚓、蜥蜴等一类的益虫。据科学工作者在河北昌黎解剖戴胜肠胃的检验，一只戴胜一天能吃200多只害虫，一年消灭多少害虫就可想而知了。

唐代诗人王建诗曰："戴胜谁与尔为名，木中作窠墙上鸣。声声催我急种谷，人家向田不归宿。"宋代诗人欧阳修诗曰："陂田绕郭白水满，戴胜谷谷催春耕。"戴胜开始鸣叫，好像是催促农夫春耕。华北地区有句农谚："姑鸪来了种高粱。"当戴胜来到华北地区的时候，也正是种高粱的季节。从这方面看，戴胜还起到了催春播种的作用。

爬树鸟——旋木雀

在许多森林里，我们经常可以看到一种奇特的小鸟，一会儿从树干的低处向高处旋转着爬升，一会儿又从树干的高处向低处旋转着爬降，并且边爬边用嘴啄食隐藏在树皮下的昆虫，时不时发出"唧儿、唧儿、唧儿"的尖叫声，好像在进行杂技表演。这就是被人们称之为"爬树鸟"的旋木雀。

旋木雀的体型大小似麻雀，种类相当多，以普通旋木雀最为常见。其上体呈暗褐色，杂以棕白色纵纹，下体近白色，嘴和脚均为褐色。虽然爬树的功夫很好，像个侠客，但飞翔能力极差，只能做波浪状上下起伏的短距离飞行。由于它身材纤小，长有一双长而带钩的爪，能牢牢地抓住树皮悬在树上；又由于它那呈刺状的尾羽上长有坚硬而富有弹性的羽干，在爬树时，可起支撑作用。这些特殊的结构，使它创造出了奇特的活动方式，即：除了飞翔、奔走外，还能在直立的树干上自下而上或自上而下呈螺旋形的路线攀爬，有力地抓住树皮而不致下滑。当它发现敌害时，往往伏在树干上一动也不动，凭着身上的羽毛与树皮同色的特有保护色，可以蒙混过关。在安静的时候，还可以悬在树皮上，用尾羽支撑着身子倒立或直竖坐在那里休息，甚至睡觉。

旋木雀的营巢方式也很奇特，它既不在洞穴里筑巢，也不在树枝上搭窝，而是在杨树、槭树、桦树、榆树等枯裂的阔叶树的树皮缝隙中筑巢。

红腹旋木雀 ｜ 摄影/王尧天

根据这一特点，在繁殖期内，旋木雀的出现与这些树种的分布有密切的关系，许多林木工作者把它作为森林中的一种指示性鸟类，只有在上述所提到的杨树、槭树等老树分布的地方才能找到它们的踪迹。

旋木雀选好巢址以后，就衔取枯枝和树皮塞进树皮裂缝的底部，然后用羽毛、草茎纤维、蜘蛛丝等编成杯状巢，结构比较松散。一般每窝产卵2~4枚，最多5枚，卵呈白色并布有细密的红褐色斑。雏鸟是晚成性鸟，要饲喂3个星期才能随亲鸟外出觅食，1个半月以后才能独立生活。

旋木雀的食性单一，全部以昆虫为食，其中包括天牛、象甲、螵蛉、叶蜂、金龟子、金花虫等危害农林的害虫，亦取食瓢虫、食蚜虻、蜜蜂等益虫，但所食害虫占95%以上，功大于过，是农林益鸟。它同啄木鸟一样，整天这里敲敲，那里打打，不停地在树皮上周旋寻食，一旦发现树皮内有虫时，便用长而下弯的尖嘴啄破树皮，钩出害虫来吃掉。对于树皮外表上的虫子，更是嘴到擒拿，啄食不误。据有人观察，一只旋木雀每天能消灭上百只害虫，产卵育雏期间，就更忙了，每天至少要给雏鸟喂食30次，真不愧为"捕虫能手"。

变色之鸟——雷鸟

在古印第安神话中,雷鸟是神灵的化身,能呼唤雷电,拍击的翅膀会引起雷鸣,飞快眨动的眼睛会产生闪电。无独有偶,在中国也有类似的传说。据《孔雀大明王》载:"混沌初开。清而轻上升化天,浓而重下沉作地。日月既明,星辰环绕,逐万物滋生……雄为凤者雌为凰,天地交合,逐生九种:金凤、彩凤、火凤、雪凰、蓝凰、孔雀、大鹏、雷鸟、大风。"这凤凰所生排列第八的雷鸟,有人加注"性好疾,啼声如雷,振翅生电"。不难看出,这均是人们根据雷鸟之"雷"字杜撰出来的故事。其实,雷鸟的神通广大,还有不为人知的一面,即它像变色龙一样,不断地变换着羽毛的颜色。

岩雷鸟 | 摄影/王尧天

自然界中的雷鸟,生活在北极附近的高山草甸及冻原地带,黑龙江流域和新疆的最北部亦有该鸟的踪迹。体长约33厘米,形状似鸽,有的又像鸡,食物以植物的嫩芽、嫩叶、根和苔藓等为主,也吃一些果实。它一生的大部分时间要同风雪搏斗,是典型的不怕冷的鸟类。面对一望无际的雪海,雷鸟不仅凿雪成巢,躲在雪洞里过夜,而且还在雪上疾驰和在松散的雪堆下穿行,过着无忧无虑的生活。由于雷鸟身上的羽毛厚实,从脚到趾长满了浓密的细毛,这样既保暖御寒,又便于在积雪上行走而不至于陷下去;整个鼻孔被羽毛覆盖着,又可抵挡北极的风暴,也有利于啄取雪下的食物。

尤为奇特的是,雷鸟的羽毛颜色随着季节的更迭而异,能与周围的环境保持一致。每当春夏,绿树成荫、百花吐艳的时候,积雪即行融化,地面上

露出了一片片黑褐色的土层，为了适应环境，雷鸟便换上了斑驳的褐色羽衣，以配合冻原地区的植被颜色。到了秋季，地面上的野草、苔藓等植物逐渐枯萎而变成灰黄色，雷鸟也随之披上了灰黄色的外套，同枯枝落叶的色泽相混。当秋风卷走落叶，白雪覆盖大地，自然界进入冰封雪飘的严冬时节，雷鸟又摇身一变，悄悄地换上了洁白的冬装，仅初级飞羽的羽轴和外侧尾羽仍为褐色。此时雷鸟在雪上活动，使人们只见冰雪不见鸟。有时偶遇雷鸟飞跃，也疑惑是白色的雪团在滚动。

雷鸟这种根据季节变化来改变自己羽色的奇异现象，被生物学家称为"保护色适应"。许多鸟类学家认为：鸟类的羽色应与其生活的背景相适应，它们的羽色都各具不同的作用。在茫茫的雪海，由于缺少青枝绿叶的草木和形形色色的土石等作为鸟类保护的隐蔽条件，很远的地方便会被发现，所以非常容易被猛禽猛兽捕食。这就使那些自卫能力差的鸟类在生存竞争中消亡了，而像雷鸟这样的鸟，尽管自卫能力很差，飞得不高也不远，但凭借特有的保护色却能生存下来。这叫做"适者生存，不适者灭亡"。地球生命诞生至今，不知灭绝了多少不能适应自然环境变化的动物，又不知滋生了多少能适应自然环境变化的动物。正如著名鸟类学家郑作新所指出："一个新种的形成，至少要五十万年到一百万年之久。一种动物资源灭绝了，要想失而复得，简直是不可能的事。"

可是也有人认为：雷鸟的羽色之所以能随着季节的更换发生变化，是与羽色的深度减弱有关。因为鸟类在一年中常有羽色变淡的现象，其中褐色羽有变灰黄色羽再变白色羽的可能。如果这种观点成立的话，为什么生活在高寒地带除雷鸟之外的鸟，如企鹅、松鸡、榛鸡等，就没有这种现象呢？这个问题，是值得人们去研究的。

柳雷鸟　｜　摄影/王尧天

星鸦的过冬准备及其他

在食物短缺的冬天,候鸟早已南迁了。但留鸟却不愿意离开本乡本土,仍然同严寒抗争,与风雪搏斗。人们也许要问:这些留鸟在冬天吃什么呢?只要我们稍加研究,便会发现,一部分留鸟依赖体内贮存的脂肪,把食物消耗控制到最低的限度。它们在食物充足的季节,猛吃猛喝,长得膘肥体壮,使皮下脂肪大大增厚,到冬季只要吃少量的食物,就足以顶得住饥饿。另一部分留鸟,则靠啄食树皮中或土里越冬的幼虫、寻觅残存在树上或地下的植物果实充饥。而当这些食物吃不饱时,便有计划地动用秋季储藏的食物。

具有储藏食物本领的鸟类有许多,如松鸦、乌鸦、冠山雀、柳山雀、啄木鸟、沼泽山雀等,可本领最大、被人们公认最会储存食物的要算星鸦。这种鸟在华北、华西的许多地方有分布,常年栖息在针叶林和针阔叶混交林地中,也常到林区外的旷野处活动。体长32厘米左右,全身披着赭褐色的羽衣,具白色斑点,翅和尾羽黑色,尾下覆羽纯白。以松子、橡子等种子为主食。

每年金秋,当松树、橡树等果实成熟的时候,星鸦就开始忙于冬粮的储运工作。它的舌头下面长着一个特殊的"口袋",鸟类学家管它叫"舌下囊"。星鸦啄食松树、橡树等结的种子时,并没有完全吞进肚里,而是将很大一部分装进"舌下囊",待这只袋子装满之后,它就飞到远处找个合适的地方将食物吐出储藏起来,一般都是埋在地下或藏在树洞中。

星鸦对储藏食物地点的选择是很严格的。为了防止食物霉变,它总是选择那些朝南的、冬季不会积厚雪的山坡和雨水渗透不到树洞里去的地方作食物储藏点。曾有人见过星鸦在地下埋藏松子:它先是用爪挖开土壤,然后从嘴里吐出松子来,接着又用爪盖上土,还用草根、树叶或石子伪装起来;一般每隔一二米的距离为一穴,每一穴埋藏四五粒松子。大概是怕别的动物偷吃,这种鸟在储藏食物的时候,总不愿意让伙伴们知道,常常是独往独来,并且竭力压抑住鸣叫。一个秋季下来，一只星鸦可储藏3~6千克坚果种子。遇到好年景，所储藏的食物还要多些。所以，针叶林木结实的丰欠，与星鸦数量的多少密切相关。

到了冬天，当各种食物被动物消耗殆尽的时候，星鸦储藏的食物发挥作用了。它们从一个地方飞到另外一个地方，从这片树林游荡到另外一片树林，贪吃所储藏的食物。即便大雪纷飞，也能掘进近60厘米深的通道，凭着自己的记忆和经验，寻找地下的粮仓。事实上，每只星鸦所采挖出来的食物，不一定都是自己储藏的，自己储藏的食物也可能成为别的星鸦的食物，别的星鸦储藏的食物也可能成为自己的食物。如果觅寻到以松子和云杉的种子为主食的松鼠在冬季储藏食物的地窖，那里面的食物丰富多彩，大批的星鸦闻讯会群起飞来偷抢一空。

由于星鸦储藏食物的地点多而杂，吃不完或遗漏的事时有发生。这些埋在地下的种子，到了春天，一经雨水的滋润，便会发芽长出树苗来。这样，星鸦无意之中充当了树木生长的播种者。

生活在新几内亚的巨型食果鸠，也是世界上有名的绿色种子播种者。当它囫囵吞枣地将整个浆果吞进肚内时，树种的传播也就随着食果鸠的旅行开始了。因为这些树所结的果实其果肉（假种皮）虽然被食果鸠所消化，但里面坚硬的果壳（真种皮）却保护着种子随粪便排了出来，遇到合适的土壤就可以生长发芽，客观上帮助树木传播，扩大了分布范围。据说新几内亚附近岛屿上的果树，80%是食果鸠播种的。由此看来，星鸦、食果鸠等鸟类还是大自然中的义务植树者。

星鸦 摄影/宋晔

红交嘴雀 摄影/邢睿

嘴形奇特的红交嘴雀

隆冬，大地封冻，白雪皑皑，许多动物都在冬眠。但有一种美丽的小鸟却置身在寒冷的冰雪之中，一会儿展翅飞翔，一会儿从这棵树跳到那棵树上，并且用它那独特的嘴，咬剥松果，啄食里面的种仁。这就是嘴形奇特的红交嘴雀。

红交嘴雀又名红交嘴、青交嘴、交喙鸟，体长约16厘米。雄鸟体羽大部分朱红色，翅膀和尾部近黑色，脸暗褐色；雌鸟呈暗绿色或黄灰色，腰较淡或鲜绿色，脸灰色。两性的嘴均与众不同，一般的鸟嘴都是上下合拢的，而红交嘴雀上下嘴前端互相交错，上嘴前端向左下方勾曲，下嘴前端向右上方勾曲，合在一起形成交叉状。由于红交嘴雀与其相似种——翅上长有白横斑的白翅交嘴雀，像鹦鹉一样可爱，又善于攀援，所以被俄罗斯人称为交嘴鹦鹉。

不认识红交嘴雀的人，看到它那奇怪的嘴，也许会认为这是鸟嘴的畸形，或者会为红交嘴雀无法啄取食物而担忧。事实上，这种鸟嘴既不是畸形，也不影响吃食，相反还有利于咬剥食物。

原来，红交嘴雀主要以松树、杉树等的种子为食，它那上下交叉的利嘴就像一把钳子，便于咬剥球果取得种仁。哪怕种子的果壳再硬，只要上下嘴

轻轻一咬就会剥开。为了方便取食，红交嘴雀还经常在树上以一种头朝地的姿势倒悬进食，或者将球果碰落在地下，再跳下去啄食。还有那肌肉发达的舌头，很容易卷起那又香又甜的种仁吞进肚内。当然，在松、杉等球果类树的种子未成熟时，红交嘴雀也吃草籽、花瓣和树木嫩芽之类的食物。

红交嘴雀分布于世界许多地方，在中国见于东北南部以及山东、河北、新疆等地，一般栖息在山区针叶林中。它的繁殖期与其他鸟不一样，既不是在春季，也不是在夏季，而是在寒冷的冬天。每当雌雄鸟配对以后，便双双在松枝上筑巢。巢做得又深又厚，以枯枝为梁，用草茎作壁，里面铺垫着柔软的残羽和兽毛。尽管天空刮着嗖嗖的寒风，巢边积满了洁白的霜雪，雌鸟从产下第一枚卵起，直到雏鸟出飞为止，约一个半月的时间，从来不离开巢。雄鸟深知"产妇"的辛劳，整天忙着为其觅食，时刻不离左右。

企鹅在零下50℃至零下60℃的严寒中繁殖后代，是因为南极没有夏天。红交嘴雀在四季分明的地方生活，为什么不同其他鸟一样在春暖花开的时候繁殖，而偏要在叶凋虫僵的寒冬产卵育雏呢？这个问题是值得探讨的。据科学家分析，这与红交嘴雀的"食物链"有很大的关系。前面说过，此鸟是以咬剥松树和杉树的球果种仁为主食的，在春、夏、秋三季，松、杉没有结果或者结了果没有完全成熟，红交嘴雀繁殖就没有充足的"产妇粮"，担负不了"生儿育女"的重任。只有在冬季松、杉等树的球果种子成熟，才能得到丰富的饲料哺育雏鸟。研究还表明，红交嘴雀的数量是随着针叶树所产的果实多少而变化的，丰收时"儿孙满堂"，歉收时"家口稀落"。同时，它们在寂静的冬季繁殖，可以避免雏鸟遭到禽兽的侵害，使成活率高一些。

红交嘴雀属晚成性鸟，虽然雌鸟孵化约半个月就可以出雏，但因雏鸟的嘴尖还没有长出"钳子"，需要双亲将采集的松、杉果仁吞进嗉囊内泡软以后，再送到雏鸟的嘴里。待到雏鸟萌生出交叉状的嘴，能自己取食，双亲也就完成了抚育后代的任务。这种鸟之所以不怕冷，适应冰霜封冻的环境，主要是因为吃了油多的球果种子，使体内充满了松杉脂肪。正因为如此，它们死后尸体不容易腐烂。据说古埃及元老死后在身上涂抹松脂用来防腐，就是受了红交嘴雀的启示。

冠斑犀鸟 ｜ 摄影/刘马力

奇异的犀鸟

在那峰峦叠翠、幽谷清溪的云南西双版纳密林中，人们可以找到稀有珍禽犀鸟的踪迹。这类鸟的特征是，体型较大，长着一个硕大无朋的嘴，几乎占据身体的1/3，呈镰刀状，象牙色，有的还在嘴上方长着一个头盔状突起，称为"盔突"。看上去颇似犀牛的角，由此而得名犀鸟。

全世界约有犀鸟45种，大都分布在亚洲、非洲的热带雨林和亚热带常绿阔叶林里。云南西双版纳林区仅见3种：

一种是双角犀鸟，体长约1.2米，重约4千克。盔突宽而大，顶端有一凹陷，两外缘就像两只角。头黑，脖子及腹部的羽毛色白，胸、背和翅膀的羽毛漆黑而有光泽，翅羽中间有明显的白斑。尾羽白色，近尖端有一条宽黑带。雌雄鸟的区别在于虹膜不同色，雄鸟是红色的，雌鸟是白色的。

另一种是冠斑犀鸟，体长约80厘米，体重近2千克。全身以黑色为主，只有胸腹部和尾羽为白色，并在黑色的羽毛中放射出一种蓝绿色光泽。眼周的裸露皮肤，雄鸟呈蓝黑色，雌鸟呈肉白色。盔突前方的两侧有一黑色带状斑纹，自前方斜向上嘴中部，从斑纹的大小深浅可以判断出该鸟的年龄和性别。

再一种是棕颈犀鸟，体型比冠斑犀鸟大，比双角犀鸟小，一般有3千克重。它的嘴上没有盔突，仅在嘴基部有几条斜纹棱。头部、颈部和胸部羽棕

色，两肋、腹部和尾下复羽深棕色。尾羽及两翅的基部为黑色，端部白色，翅羽最外侧的一枚飞羽为纯黑色。雌雄鸟的羽色基本相同，唯雌鸟的头、颈部的棕色绒羽要淡一些。

犀鸟喜欢过集体生活，常栖息在高大的乔木上，多在树的上部活动，偶尔也下地觅食。其鸣声虽然洪亮，却极为单调，人们只能听到"嘎克、嘎克"这种似鸭非鸭的叫声。飞翔时，两翅平展，头和颈向前直伸，有点像飞机，所以当地人又称之为"飞机鸟"。每天的觅食时间，大都集中于上午6~8时、下午5~7时这两段时间内。食物以野果为主，尤爱吃榕树、酸枣树、橄榄树和油甘子等树的果实，也吃部分昆虫和小动物。它吃浆果不像别的鸟类，先啄食果肉，然后抛弃果核，而是先将浆果全部吞进腹内，待果肉消化后再将果核吐出来。

每年入春之后，犀鸟就从群居转为对栖，选择一些离地面较高的树洞或岩洞营巢。当洞底铺上一层枯草、树叶、羽毛和碎木屑等柔软物后，雌犀鸟便留在巢穴里产卵孵雏，不再出来活动了。这时雄犀鸟在外面衔上一些湿土混以果实残渣将洞口封闭起来，只留一个垂直的小裂缝，让雌犀鸟的嘴能伸出洞外，接受雄犀鸟的饲喂。在此期间，雄犀鸟是够辛苦的，白天四处觅食，并从胃内分泌胶状黏液混合着食物一口一口地喂给雌犀鸟吃。特别是当幼雏出壳、嗷嗷待哺之际，更是忙得不亦乐乎。而到夜晚，雄犀鸟又守护在巢穴外，时刻也不肯离去。

还有一个异乎寻常的特点是，雌犀鸟在孵卵育雏期间，能够在封闭的巢穴里换羽。由于全身翼羽和尾羽同时脱换，也就成了"赤膊鸟"，当然不能飞行了。等到幼雏长到能飞以后，雄犀鸟将洞口啄开，换上新装的雌犀鸟同雄犀鸟共同带领幼雏生活在一起。为了保持巢穴内的清洁，禁闭中的雌犀鸟还能将雏鸟排出的粪便等污物用嘴衔住抛出洞外；自己要排大便时，则将肛门对着洞口直接排泄出去。令人叹息的是，如果雄犀鸟在雌犀鸟孵育期间不幸身亡，雌犀鸟便终日依傍洞口窥视远方，最后和出壳或未出壳的雏鸟一起倾巢而亡。

百灵鸟与鸟类的排泄特点

人道："鸟宿绿荫树""倦鸟思归林"。在内蒙古、华北和东北的一些地方，有一种鸟既不宿"绿荫树"，也不"思归林"，却一心迷恋着草原，它就是人们熟知的百灵鸟。

百灵鸟是一种比麻雀大不了多少的小鸟，雌雄鸟的羽色略同。全身大部呈深浅不同的栗褐色，翅膀黑色具白斑，前胸有一条黑色的宽带，喉部和下腹部污白色。同类鸟还有凤头百灵和沙百灵，有人还将云雀也归入其类。以多种植物的嫩芽、种子为食，也捕食一些昆虫和小动物。

鸟儿在春天最活跃。当你随着牧民悄悄地来到辽阔无垠的草原观赏百灵鸟时，便会看到此鸟喜欢成小群地活动。它们时而钻入草丛，隐匿不见；时而钻了出来，又在草地上迅速奔驰。倘若你洒去一把沙土，它们会戛然而止，立刻起飞，就像旱地拔葱一样冲天而起。待飞到一定的高度，它们又会像直升机似的悬停在空中，向起飞点瞭望片刻，然后继续直线上蹿，一直钻进薄薄的云层。此时，你会听到百灵鸟在云霄中发出清脆柔美的歌唱，音调复杂多变，其尾音都带有"滴溜儿——滴溜儿——"的卷音，使人大有"如听仙乐耳暂明"之感。因此，百灵鸟又被人们称为云雀、叫天子和蒙古鹨。

百灵鸟是草原及半荒漠草原的典型代表鸟，巢筑在地面的低凹处或草丛的凹坑内。每年产卵2次，每次3~4枚，卵为污白色而带褐色细斑，由雌鸟孵化。初

黑百灵 | 摄影/王尧天

生的幼雏，要经过双亲一个多月的精心喂养，才能独立活动。在育雏期间，亲鸟出外觅食时，从来不直接地从巢内飞出，而是先在地上走一段路，离巢远了才起飞；归来时，也是在离巢很远的地方停下来，东张西望一阵子，再走上一段路回巢。这样，一般敌害就很难发现百灵鸟的巢，起到了保护雏鸟的作用。

常在野外观赏百灵鸟的人，也许会发出这样的疑问：只见百灵鸟排屎，不见百灵鸟排尿，百灵鸟究竟排不排尿呢？弄清楚鸟类的排泄特点，问题便会迎刃而解了。

吐故纳新、新陈代谢是动物的本能，鸟类也不例外。鸟类摄取食物以后，经过胃肠道的消化吸收，将不能利用的废物通过泄殖腔排出体外。这种泄殖腔是消化管、输尿管和生殖器汇合在一起的器官，即某些人所说的"肛门"，具有排出排泄物和生殖的功能。

剖开家禽的肚子，我们会看到很长的小肠和粗短的大肠，还会看到一对不规则的豆状形的肾脏。大肠同泄殖腔相通，由左肾和右肾各伸出的一条输尿管也直接开口于泄殖腔，但就是找不到膀胱和尿道口。

当鸟在运动尤其是飞翔时，鸟的消化系统在其旺盛的新陈代谢过程中，能很快形成和排除体内的废物，因大肠很短，粪便贮存不了，故有随时随地排便的习惯。再加上鸟类的泌尿系统结构特殊，输尿管极短，无膀胱贮存尿液和无尿道口排尿，促使肾小管和泄殖腔对尿中水分的重新吸收而转化为尿酸，浓缩成浓厚的糜状物，同粪便混合在一起排泄了出去，所以我们只能看到百灵鸟排屎而看不到百灵鸟排尿，而且便溺相当频繁。几只麻雀飞进庭院啄食遗弃的饭菜，不一会儿地面上就留下了这一堆那一坨的鸟粪。鸟粪中的许多白色凝结物，即是鸟尿随着粪便排出经氧化后形成的。

况且，鸟类是很少饮水的，特别是沙漠中的百灵鸟经常无水可饮，所需要的液体几乎或者全部来源于所摄取的植物芽叶、种子、浆果、花草以及动物中固有的体液。如果鸟类像哺乳动物那样喝大量的水贮藏在体内供消耗，像哺乳动物那样吃了食物以后要等到一定的时候才排泄出去，不随时随地便溺，那就会增加体重而妨碍它们的飞行，或者像鸡那样飞不高或只能滑翔。这是在长期的进化过程中，形成的一种对生活环境的适应。

不过也有一些鸟类，如猫头鹰、苍鹰、大鵟、游隼、秃鹫等猛禽，还有一些如伯劳、鹊鸲等小型鸟类，在摄取的食物不能消化从泄殖腔排出时，便常以"食丸"的形式从嘴中吐出来，多为动物的皮毛、骨骼、牙齿、甲壳以及昆虫的翅鞘等物体。也有的是将误吃进去的小石子、玻璃、骨头、树枝等重新吐出来。

凤头百灵 | 摄影/王尧天

相思鸟与鸟类的配对

相思鸟又名红嘴玉、五彩麟、红嘴相思鸟，属雀形目，鹟科，是著名的观赏鸟之一。它虽然比麻雀大不了多少，却体态丰盈，鸣声响亮，羽毛鲜艳，活泼可爱。身体背面呈橄榄绿色，腹部浅黄色，脚绿黄色，两翅有红黄相间的斑点，再加上鲜红的硬喙和黄白色的眼圈，堪称是大自然创造的一件有生命的"艺术品"。雌、雄鸟都善于鸣叫，其声音清脆柔美，酷似"骨里——居、骨里——居"或"微归——微归——微归"。尤其在繁殖期间，雄鸟的鸣叫更是变化多端，婉转动听。就是不喜欢欣赏鸟类的人，看到相思鸟的美姿和听到它的鸣唱，也会被迷住。

相思鸟遍布中国南方各地，喜欢集群活动。平时生活在海拔500~2000米的竹林、树林或灌木丛间，觅食种子、嫩芽及昆虫。夏天在山顶的凉爽处活动，秋天从高山向山谷转移，然后飞往较温暖的地方越冬。在春夏季的繁殖期，一对对相思鸟形影不离，时而在长空比翼双飞，时而在枝头相互依偎，就像一对对情意绵绵、不愿分离的热恋情侣。

传说相思鸟对爱情十分专一，"人获其一，则一相思而死。"相思鸟之名即由此而来。但据鸟类学家观察，当一方不幸死亡后，另一方不仅未忧悒殉情，反而另结新欢有了新配偶。有人试验，捕一对正在恋爱的相思鸟饲养在笼子里，让它俩生活习惯了，将其一只放生。无论雌、雄鸟，饲养在笼子里的一只，先是无限孤愁，不吃东西，过了一两天以后，照样高

银耳相思鸟 ｜ 摄影/宋晔

歌鸣唱；再后来与另一只异性相思鸟配对，也能一见钟情。放生的一只，开始是在空中盘旋哀鸣，依恋不舍，过一会儿发现自己获释，竟振翅高飞，再也不回头。

"一种鸟怜名字好，尽缘人恨别离来。"鸟类的配对是由性腺和繁育后代决定的。大多数鸟类在繁殖期，性腺高度膨胀，以至在腹腔中遮住了肾脏。往往表现在求偶、筑巢、交配、产卵、孵卵、育雏等多种行为。其配对类型，大致可分为乱配制、多配制和单配制3种。

所谓乱配，即无固定的配偶，同一种鸟类的雌雄互相交配。多配虽有固定的配偶，但有"一夫多妻"或"一妻多夫"的。这类鸟所孵育的后代，多为早成性鸟，即雏鸟一出世，就有相当的独立能力。亲鸟只是为了交配才结合在一起，而一年中大部分时间各自东西。如松鸡科中的各种雄鸟，几乎整年不与雌鸟配对，它们在分散而又彼此相联系的地点栖息。一到繁殖季节，雄鸟便向雌鸟求爱，或鸣叫、或起舞、或追逐，若雌鸟有情，便一只只地以身相许。雄鸟与多只雌鸟交配后，由雌鸟分散产卵和孵育幼雏，而雄鸟则不闻不问，逍遥自在。待到第二年的繁殖季节，雄雌鸟怀念旧情，又重复往年求偶的方式，再次结合在一起，如此反复。很难说它们是偶然碰到一块，还是彼此相识。

单配所孵育的后代，多为晚成性鸟，即雏鸟出世后，需要亲鸟喂养才能存活。此种亲鸟以成对的形式最为合适，因为单只亲鸟难以承担孵育雏鸟的重任。这类鸟的配对有短期性的，也有长期性的。前者的配偶关系可保持在整个繁殖季节，待孵育后代的任务完成后，便自动分离，第二年雌雄鸟再另外组织家庭；后者的配偶关系大大超过繁育阶段，性成熟配对后，便比翼双栖，多年厮守在一起。如鸠鸽类鸟一旦选中配偶，便成了长久伴侣，雌雄双方共同筑巢，共同孵卵育雏，分工十分明确。刚孵出的雏鸽，裸露无羽，眼睛还睁不开，由双亲将嗉囊壁内分泌出的一种白色的、像糨糊状的鸽乳呕吐出来灌给它们吃；而后逐步饲喂谷物类食物，要饲喂20多天，雏鸽才能跟随双亲出外觅食。这真是"物竞天择，自然造化"。

斑姬地鸠 | 摄影/宋晔

斑鸠的"金蝉脱壳"

常在野外观鸟的人，经常可以看到灌木丛中有成堆的斑鸠羽毛，少则几十根，多则数百根。也许有人以为这是斑鸠被敌害所猎捕，早已葬身他腹了。其实并不尽然。笔者曾去一山区，就目睹过鹞子追捕斑鸠的惊险镜头：一群斑鸠悠闲自得地在地面上觅食，突然飞来一只鹞子，惊动了斑鸠群，它们四处逃窜。当鹞子俯冲过来用利爪袭击一只未逃脱的斑鸠时，所抓的地方羽毛全部脱落，而斑鸠却逃得无影无踪，地面上只留下一堆羽毛。

斑鸠的这种金蝉脱壳，通常认为是一种自身的保护性措施。因为斑鸠的羽毛层很厚，而且非常容易脱落，当猎物捕获它们时，就自然会采取"丢卒保车"的策略来防御敌害了。倘若斑鸠被敌害捕获而生命垂危时，还会发出一种异乎寻常的尖叫声。一方面是进行垂死的挣扎；另一方面是吓唬敌害使其快快松手；再一方面也是为了招引其他动物赶到被捕获的现场，使它们与自己所遇的强敌展开搏斗，以便伺机逃生。这也是鸟类普遍存在的一种求生手段。

斑鸠，又称鹁鸠、鸣鸠，自古就是人们熟悉的一种树栖禽类。《诗经》开篇第一首《关雎》，就是以斑鸠为题。诗曰："关关雎鸠，在河之洲。窈窕淑女，君子好逑。"作者借用斑鸠配偶时形影不离、此呼彼应的生活习性，来抒发青年男子对美丽姑娘的思慕之情。"于嗟鸠兮，无食桑葚！于嗟女兮，无与士耽！"《诗经》还用斑鸠贪吃桑葚而昏睡不醒的典故，告诫那些天真的少女不要过分地迷恋男子。三国时的陈思王曹植则认为，斑鸠是一种吉祥鸟，他在《白鸠讴》中曰："斑斑者鸠,爰素其质。昔翔殷邦,今为魏出。朱目丹趾,灵姿诡类。载飞载鸣,彰我皇懿。"

斑鸠是野鸽子的近亲,体色以棕、褐色为主,带有鳞纹式斑点,脚短而善于疾走,翼长而飞行迅速。常见的斑鸠,有珠颈斑鸠、山斑鸠、灰斑鸠和火斑鸠。多以杂草及农作物种子和植物果实等为食,喜欢数只或数十只在一块觅食和栖息,只是在繁殖时才成双成对地单独生活。

民间有一个《喜鹊老师》的故事,讲的是喜鹊有一套筑巢的绝技,许多鸟类向它求教,但这些学生没有听完课就先后早退了,没有将喜鹊的技术全部学到手。如画眉只学个做"圆饼饼似的巢";老鸦只学个用树枝架巢架子;麻雀只学在巢内挂些弯弯的草。最懒的是斑鸠,上课不仅不认真听讲,反而还咕咕直叫。喜鹊以为它要几根木棍子,就给了它几根,所以直到现在,斑鸠只能用木棍子(细枝条)筑一个不像样的巢。这个故事告诉人们,斑鸠是拙于营巢的。成语"鸠拙而安"也包含着这个意思。的确,斑鸠的巢十分简陋,只是在树干的水平枝杈之间搭上几根树枝,巢内没有任何柔软的铺垫物,就好像是一个破筛子,从树底下可以透过巢材看到巢内的卵。

宋朝欧阳修《啼鸟》云:"谁谓鸣鸠拙无用,雄雌各自知阴晴。"斑鸠的鸣叫虽然单调,但它的不同叫声却预兆着不同的天气。例如:在阴雨天,斑鸠的鸣叫是"卜、家、咕——咕,卜、家、咕——咕",声音显得嘶哑,拖音较长,咕声也叫得重。而在晴天,它则不紧不慢地叫着"卜家咕、卜家咕",很有节奏,没有拖音。有趣的是,马来西亚每年都要举行一两次鸟鸣比赛。经过人工驯养和繁殖的火斑鸠,清脆洪亮的咕咕叫声,一声鸣唱可长达四五秒钟,不仅婉转动听,而且还能分出平、上、去、入四声,特别吸引人。据说,比赛结束后的优胜火斑鸠,每只可售价2万多马元。

珠颈斑鸠 | 摄影/李汝河

鸟类摄食趣例

鹈鹕下水兜食

鹈鹕又叫淘河、塘鹅或伽蓝鸟,大都生活在沿海地区。它个子很大,嘴巴极长,羽毛以白色为主,常数只或数百只群栖在一个岛上。如果一只发现了鱼群,张开翅膀往水里扑通一跳,岸上的鹈鹕便全部纵身跳下,很快在水里排成半圆圈,而后逐渐缩小,将鱼群赶到浅水处,群起而捕之。

由于鹈鹕嘴下有一个皮质的喉囊,当它在水中捕食时,便把嘴巴张开,喉囊便形成了一个很大的"鱼兜"。这时,它一边搜寻鱼群,一边游水前进,连鱼带水一起装进喉囊内。待捕到一定数量的鱼以后,它把嘴一合,收缩喉囊,把水挤掉,上岸来饱餐一顿。就是采用这种兜食的方法,一只鹈鹕一天要吃掉2~2.5千克鱼,所以渔民是不喜欢它们的。

苇鳽　摄影/李汝河

黑鹭伪装诱食

非洲几内亚的黑鹭长相同中国的白鹭差不多，颈和脚都很长，只是羽毛灰黑色。

黑鹭以鱼类为食，也吃昆虫和蛙类。它诱捕小鱼可真有办法。每当它侦察到鱼群时，便悄悄地降落在浅水中，用双翅把全身遮盖住，并将头藏在翅膀下，只露一个长喙在外。这种掩饰体，远远望去，宛如一把撑开的大伞，牢牢地插在水中。由于黑鹭的翅膀能分泌出油脂物质散发在水中，翅膀形成的大伞又能造成一片阴影，所以很快就会有鱼来自投罗网。黑鹭的头虽然藏在翅膀下，但眼睛却盯住水中，一旦发现小鱼游来，就用长喙一条一条地捕食，直到吃饱了，才收起"雨盖"，重新恢复本来面目。

苍鹭 ｜ 摄影/李汝河

鹬鸟破蚌取食

鹬鸟的种类极多，体羽多为灰黄色或褐色，色调平淡，且缀以细小的斑纹。它腿和喙都很长，适于在浅水及淤泥中蹚涉觅食。

2000多年前，中国有"鹬蚌相争，渔翁得利"的寓言。说的是蚌张着壳在沙滩上晒太阳，鹬鸟去啄它的肉，被蚌夹住了嘴，双方争持不下，老渔翁正好把它们一起捉住了。这个故事除了比喻双方不和，两败俱伤，让第三者占便宜之外，也说明鹬鸟是很喜欢吃蚌肉的。

其实，鹬鸟吃这种水生动物是颇有绝招的。虽然蚌有两个椭圆形介壳，鹬鸟的嘴无法直接啄食里面的嫩肉，但它往往用向上或向下弯曲的嘴叼起蚌的边缘，向附近的岩石甩去，或者是扬起翅膀，直冲天空，再急速下降，对准岩石或硬土层掷下去。只见蚌的外壳被摔碎，其肉鲜白鲜白的。此时鹬鸟立刻飞落而下，乐滋滋地把蚌肉吃个精光。

苍鹭蹚涉等食

苍鹭是一种大型涉禽，背部和尾部呈灰色，下体白色，头上有两条黑色羽冠，前颈下部有黑色大斑，颈和足长而瘦削。它以鱼类、蛙类等为食，也啄食小型哺乳类动物及昆虫。

苍鹭为了觅食，常在湖畔或沼泽间蹚涉穿行。当它断定某地方会有食物送上门时，便昂首挺胸，站在那里一动也不动。为了消除疲劳，减少身体在冷水中的热量散失，它常用一只脚轮换地伫立在浅水中。等啊等啊，青蛙跳来了，或者是鱼儿游近了，它便以迅雷不及掩耳之势，将青蛙或小鱼捕住，自我欣赏一番，然后吞进食道里。

这种等食的战术，使苍鹭练就了坚忍的耐力，如果没有青蛙跳来，没有鱼儿游来，它就老在那里等着等着，经常一等就是一两个小时，甚至四五个小时。鉴于此，人们给它取了个外号，叫"老等"或"木桩"。

苍鹭　摄影/李汝河

特殊的友谊

鸟类同兽类以及凶猛的爬行类动物之关系，往往是鼠和猫般的敌对关系，根本谈不上友谊，但为了各自的生存、方便和需要，也有例外。

响蜜䴕与蜜獾互利共生

非洲有一种鸟叫响蜜䴕，生活在蜜蜂云集的地方。它喜欢吃蜂蜡，但又怕蜂螫，不敢下手，全靠蜜獾帮忙。

每当它侦察到储满了蜂蜜的蜂巢，便立刻向蜜獾的栖息地飞去。它盘旋在蜜獾的洞口，不停地鸣叫，好像在说："我找到了蜂巢，您赶快跟我去！"如果蜜獾在洞内睡大觉没有听到，它就钻进去将蜜獾啄醒，引导蜜獾向蜂巢奔去。蜜獾的皮毛既密且厚，不怕蜂螫。它把蜂巢挖开以后，先把蜜蜂赶走，然后美滋滋地吃着蜂蜜和蜜蜂幼虫。此时的响蜜䴕站在附近的大树上，眼睁睁地望着蜜獾取食，欲下则又不敢；而蜜獾无负于响蜜䴕，在饱餐一顿以后，将空蜂房留了下来。这正是响蜜䴕求之不得的，待蜜獾走后，它就迫不及待地飞过去，将空蜂房啄食得精光。原来，在响蜜䴕的嗉囊里有许多共生菌和酵母菌，这些菌类能分解蜂蜡，使其变成脂肪，被响蜜䴕的机体所吸收。

云雀与野兔相依为命

自古道：鸟兽不同穴，猪狗不同窝。可是生活在中国新疆塔克拉玛干沙漠中的云雀，居然与野兔住在一起。

白天，云雀翱翔在空中，野兔奔驰在原野上，双方捕到了食物，有时还共同分享，宛如亲兄弟；晚上，野兔和云雀栖息在一个洞里，一家在东头，一家在西头，从不相互侵犯，好像是亲密的邻居。它们为什么能如此亲密呢？原来是沙漠地区特殊的生态环境。广漠的沙海，树木不长，云雀如果在

地上筑巢产卵和孵育幼雏，不仅易遭天敌危害，还会有被风沙淹没的危险，云雀只好寄居在野兔的洞穴里。而过惯了地下生活的野兔，由于先天不足，视力比较差，在外出觅食时要想不遭到鹰、鸢、雕等猛禽的伤害，就只能依靠云雀等小鸟的鸣声报警，才能及时逃回洞穴。这样，它们就自然地相依为命了。

牙签鸟与鳄鱼和睦相处

牙签鸟是一种弱小的鸟类，许多动物都欺负它，可它偏和凶猛的鳄鱼结下了友谊。

每当它遇到鳄鱼时，便喋喋不休地叫个不停，好像在说："我来了！我来了！"鳄鱼听到它的鸣叫，本能地张开盆口大嘴，以示欢迎。牙签鸟毫不畏惧地飞到鳄鱼的嘴里，迅速地把嵌在鳄鱼牙缝里的蚌、螺、鱼、虾、鸟等肉屑啄食得干干净净。这种"虎口取食"的方法，真是令人担忧。鳄鱼被牙签鸟这个"义务清洁工"打扫得舒舒服服，有时竟一梦不醒地闭合大嘴睡去，将牙签鸟牢牢地关在里面。但用不着害怕，牙签鸟自有解脱之妙法，它用尖硬的羽毛，轻轻地刺动鳄鱼的口腔。此时，鳄鱼才如梦初醒，知道口里有自己的亲密朋友，千万不可误伤，于是便提提精神，重新张开大嘴，让牙签鸟自行飞出。

水牛和八哥 | 摄影/宋晔

南来北往的雁

谈到雁,人们会自然地想到雁足传书的故事:汉武帝派苏武等100人出使匈奴,因发生了意外的事而被匈奴扣留近20年。汉昭帝即位后数年,匈奴和汉朝重新和好,结为姻亲,汉朝要求把苏武等一批使臣放回,但匈奴却谎称苏武早死了。后来,汉朝再次派遣使臣出使匈奴,苏武的随员常惠通过禁卒的暗中帮助,秘密地会见了汉使,并献计要汉使对匈奴王单于说:"汉天子在皇家花园打猎,射到一只大雁,足上系着一封帛书,是苏武亲笔写的,说他在北海牧羊。"汉使觉得此计挺妙,就按照常惠的话去当面质问单于,单于抵赖不过,只好把苏武和他的随行人员所剩下9人放回汉朝。自此,"雁足"就成了使者和传书送信人的代名词,人们还把书信称为"鸿音"、"鸿书"、"雁札"或"来鸿"。

雁属常见的鸟类,种类有豆雁、灰雁、鸿雁、斑头雁等。多数种类以淡灰褐色为主,并布满斑纹,扁平的嘴有锯齿状的凹缺,带蹼的双脚像是两把船桨,与家鹅十分相似。但查阅雁谱,绝无全身洁白的白雁,古诗中关于对白雁的吟咏,诸如"北风初起易水寒,北风再起吹江干。北风三起白雁来,寒气直薄朱崖山。"(元朝刘因《白雁行》)"燕山榆叶望秋稀,雪羽潇潇向楚微。夜雨芦花看不定,夕阳枫树见

斑头雁 | 摄影/王尧天

初飞。"（明朝王恭《赋得白雁送人之金陵》）等，也许是对雁这类鸟缺乏细致的观察，也许是以讹传讹，故误把掠过长空的白天鹅当成了白雁。

雁是一种候鸟，春夏季在北方生活，秋冬季在南方避寒。其繁殖点，从中国的新疆、内蒙古、黑龙江直到欧洲的西伯利亚。主要栖息在河川、湖泊、沼泽地带水生植物丛生的水边，以野生植物的嫩叶和种子为食，也吃一些鱼虾、螺类、昆虫和农产品。营巢在水草丛中或泥滩的蒲苇间，以水草或蒲苇作巢材。一般在四五月份产卵，每窝4~8枚，经过月余的孵化，雏雁才出世。

相传雁对爱情十分专一，双雁中如有一只死了，另一只便悲鸣不已，竟撞地而亡。这似乎有些言过其实。但失偶后的孤雁，犹如孀女寡妇，凄凉悲哀，孤独莫测，最易激起人们的怜悯。杜甫就有《孤雁》诗："孤雁不饮啄，飞鸣声念群。谁怜一片影，相失万重云。望尽似犹见，哀多如更闻。野鸦无意绪，鸣噪自纷纷。"

雁在北方辛苦了一个春季又加一个夏季，刚刚把幼雏抚养长大、能独立生活，就已经是凉风迎秋了。北国秋天来得特别早，"北风卷地百草折，胡天八月即飞雪"，饥饿寒冷的环境逼着它们携"儿"带"女"到南方寻找乐土。最北端的雁，自西伯利亚出发，经过中国华北、东北或西北，跨越黄河，渡过长江，到温暖的江南以至远达印度、缅甸、泰国和马来西亚等国过冬。

迁徙时，通常数十只为一群，由一只年老的雄雁带队，排成整齐的"人"字形或"一"字形的队伍飞奔，任凭风吹雨打，队伍也不乱。乡间小孩，每逢看到横扫晴空的雁，总爱仰天高呼："雁哩雁哩排'一'字，雁

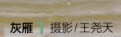

灰雁 ｜ 摄影/王尧天

哩雁哩排'人'字……"说来也怪，这些雁很听使唤，一会儿排成"一"字，一会儿又排成"人"字，使小孩们高兴得不得了。

其实，这是雁在变换队形和更换首领，以减轻旅途中的疲劳，与小孩们的呼唤是一种巧合。雁在900米的高空上，以每小时70~90千米的速度，御风而行，前呼后应，排列成这样的队形，就可以减少空气的阻力，有利于长途飞迁。例如：当雁排成"人"字形队伍飞行时，前面的首领冲开空气的阻力，同时造成推进的气流，这样排头雁之后便有一对贴紧的雁紧飞不舍，接着第二对又分别贴紧前一对的外侧翅膀，一对跟着一对，都可借助相邻伙伴翼梢处的推动力进行滑翔，从而节省各自的体力。有人测算，如果25只雁排成"人"字形队伍飞行，比单独飞行可节省30%的体力。雁何乐而不为？

由于路途遥远，雁在南来北往的迁徙过程中，常常选择在途中的芦苇沼泽地或湖边的沙滩上休息。遇到鱼虾、水草等食物丰富的地方，一般都要逗留一段时间，以便修整队伍。《禽经》上说："夜栖川泽中，千百为群，有一雁不瞑，以警众也。"这不瞑之雁，就是我们通常所说的雁奴。为了同伴们的安全，它不辞辛苦，为众雁守夜，一旦发现敌害，立刻发出惊叫报警，以使同伴脱离险境。金人元好问的"雁奴辛苦候寒更，梦破黄芦雪打声"，即是对雁奴的讴歌。

鸿雁　摄影/于凤琴

鸟的迁徙 | 摄影/宋晔

北极燕鸥与候鸟迁徙

候鸟具有迁徙的习性，飞得最远的要算北极燕鸥。这种鸟生长在北极圈的海岸，体长约35厘米，长着海鸥般的体形却拖着像燕子一样的剪刀尾巴，是著名的"鸟类旅行家"。

每年6月，北极燕鸥趁着北极圈的一点点暖意，开始孵卵育雏。等到雏鸟长到50日龄，便带着幼鸟到南方旅行。它们经过4个月的长途飞迁，于12月底到达南极附近，行程高达17000多千米。在南极附近生活3个月以后，又不辞辛苦地返回故里，南北两极之间在途飞行7个多月，行程约35000千米，差不多绕地球飞行了一圈。这是多么惊人的壮举！

令人费解的是，有些北极燕鸥到南方旅行，并不是直线飞行，而是东绕西拐，飞行许多弯路以后，才到达目的地的。据报道，有一位俄罗斯鸟类专家，在干达拉克沙给一只北极燕鸥套上金属环，发现它先是向北飞到北海海域，然后沿着科拉半岛北岸往西飞，后又沿着挪威、英国、葡萄牙和整个非洲的海岸线往南飞，绕过好望角再拐向东，经过大西洋飞到印度，最后到达大洋洲西岸的福利曼特勒城附近被抓获，正好拐出了一个反写的"？"字。

北极燕鸥如此长途跋涉旅行，常常会遇到风暴、雷雨、大雾和禽兽等的侵袭，随时随地都有丧命的危险。尽管如此，但每当迁徙时令一到，仍然年复一年地照飞不误，而且不到目的地不罢休，这是为什么呢？

要回答这个问题，涉及候鸟迁徙的共性问题。对于候鸟的迁徙，主要有四种原因：

一是历史因素。远在10多万年前，地球上出现了冰川时期。每当冰川来临，北半球广大地区异常寒冷，候鸟无法生存，也就被迫迁到温暖的南方。等冰期过后，这些鸟思念家乡，就又飞返北方，久而久之，南来北往，成了习惯。

二是外界条件的影响。每当北方冬季寒冷时，冰雪封冻，日照时间短，缺乏食物，候鸟在不适应它们生活的条件下，就只好迁到南方越冬。但南方虽然可以避寒，却不适合这些在北方生活惯了的候鸟产卵育雏，而且敌害多。为了繁殖后代，到了翌年春天，不得不重返故里。

三是昼夜时间长短的影响。在年复一年的漫长生活中，只有昼夜的时间长短每年是固定的。每当春季开始出现昼长夜短的时候，候鸟就从南方迁往北方；每当秋季开始出现昼短夜长的时候，候鸟就从北方迁往南方。如此往返，如同人类习惯了的"日出而作，日落而息"。

四是生理刺激。由于候鸟生理上的变化，一到春天，便引起内分泌作用增强，生殖腺逐渐膨大，促使它们选择长途旅行，返回原来居住的地方产卵育雏。所谓候鸟"南飞慢吞吞，北飞心切切"，就是最好的注脚。

至于候鸟迁徙路线的远近和时间的长短，则是由祖先遗传和天生本能决定的。有人试验，将北极燕鸥关在笼子里，它到了迁徙时间就表现出不安的感觉，而当其同伴已经到达迁徙地点、迁飞时间结束以后，这种不安的感觉也就终止了。

如此说来，北极燕鸥的旅行奥秘，不是可以从候鸟迁徙的共性中找到答案吗？

北极燕鸥 ｜ 摄影/胡斌

夜鹭 | 摄影/李汝河

夜鹭和候鸟的导航

候鸟南来北往，秋去春来，最令人惊异的是它们在空中辨别方向的本领。如果不是在途中遇到意外的事故或环境的变更，几乎所有的候鸟都可以找到它们原来生活过的地方，又可以到以前去过的地方旅行。特别是一种叫夜鹭的候鸟，不顾条件的好坏，竟能在夜间迁飞，真是令人折服。

夜鹭，俗称水洼子，是一种中型涉禽。体长约54厘米，上体呈淡灰色，下体纯白色，头部黑色。尤其显眼的是，腿长、颈长，嘴也长，并有两枚白色细长辫状羽垂至背部。这种鸟白天隐于湖沼芦滩及丛林间，晚上出来捕食鱼、蛙和蛇，对鱼类危害甚大，被渔民们斥之为"鹭贼"。

每年春夏季，夜鹭在中国东北、华北一带栖息和繁殖，常成大群地在水域附近的高树上营巢。但秋风一吹，便集群南迁，到长江以南的地区越冬。它们飞行得很别致，头颈弯曲缩在两肩之间，长长的两腿拖在身后，具有高超的飞行技巧。然而，夜鹭没有人类般的智慧，也没有导航的技术装备，为什么能翻山越岭，跨越湖海，长途迁飞而不迷失方向呢？这涉及候鸟迁飞靠什么来定向的问题。

有人认为，候鸟迁飞是依靠陆地上的标志物，如山峰、河流、草原、城市等导航的；飞越大海时，是凭借岛屿和灯塔辨别方向的。可是，以人类类比，靠记忆和眼睛导航的能力毕竟是有限的（何况又是在高空），一般只能局限在近处或巢区外围不很远的地方。况且许多候鸟，如夜鹭等都是在夜间迁飞的，很难看清地面上的地形地貌。对于这个问题，人们一直疑惑不解。近二三十年来，通过采用现代科技手段，才找到了一些较满意的答案。

据披露，原苏联科学院动物研究所高级研究员舒马科夫等人，借助电子仪器经过多年观察研究后发现，候鸟之所以能在高空远距离的迁飞中辨明方向，准确地飞回原来栖息的巢窝，是因为它们能本能地借助星球座的位置来判明方向。因此，候鸟许多都是在夜间迁飞，而且一般总是在1000米以上，有的甚至在6000米的高度上飞行。夜鹭迁飞时，大约飞行在离地面3000~3500米，时速很快，大有"飞去入遥碧"之妙。

科学家还认为，候鸟的迁飞定向，与太阳也有密切的关系。鸟类同其他动物一样，体内有一种计算时间的"生物钟"，能够根据时间来确定太阳的方位。如果在燕八哥迁飞的季节，捉几只关在一个封闭的房间里，只在房间上面开一个玻璃天窗，让它们看见太阳，结果会发现燕八哥在太阳的指引下，经常朝着它们要迁飞的方向飞行；如果把天窗用黑布遮盖起来，不让燕八哥看到太阳，它们便束手无策，乱飞乱撞，无所适从。此外，燕八哥还能根据太阳每小时15度的位移，随时判断和校正飞行方向。这种"调节"现象表明，某些候鸟体内的"生物钟"是能够根据太阳的方位导航的。

也许有人会提出，在阴雨天或漆黑的夜晚，候鸟无法知道星球座和太阳的方位，有些候鸟照样能朝着正确的方向飞行，这又是什么原因呢？这可能是利用地球磁场导航的，或者是与地球自转的作用和气味有关。大家知道，地球磁力线与赤道呈平行分布，当磁力线向西极移动时，与地球各点的经纬度形成一定的交角。这种地球磁场对有些鸟类迁飞时的导航起到了一定的帮助作用。有人在一个宽敞的鸟舍里设置一个人工磁场，当磁场的方向改变时，就能引起红喉鸲迁飞方向的改变。有报道说，美国科学家已在某些鸟类的头颅中发现了磁铁矿的成分。这就给某些候鸟利用地球磁场导航的学说提供了佐证。但是，候鸟利用地球自转和气味导航的学说，还没有找到足够的证据，有待于我们去研究。不过，总有一天，候鸟的导航奥秘，将会被人们一个一个地揭开。

绣眼鸟和五颜六色的羽毛

绣眼鸟是雀形目绣眼鸟科鸟类的总称，雌雄鸟外貌相像，以其羽色靓丽可爱、体型娇小玲珑、鸣声清脆柔美、行动敏捷活泼而著称。

产于长江以南的绣眼鸟，头顶及背部呈橄榄绿色，腹部污白色，两翼为暗褐色，外缘有暗绿色的狭边，故被称为暗绿绣眼鸟。另一种绣眼鸟叫红胁绣眼鸟，在黄河以北繁殖，迁徙时才见于沿海诸省，其体色与暗绿绣眼鸟相似，所不同的是两胁呈栗红色。这两种绣眼鸟的动人之处，就在于其眼睛周围宛如用白色绵丝绣了一圈白色的圆圈，将眼睛围在里面，形成鲜明的白眼圈，绣眼鸟由此而得名。也有的直呼绣眼鸟为"粉眼儿"、"白眼儿"、"白目眶"的。

还有一种绣眼鸟叫灰腹绣眼鸟，分布在西藏东南部、四川南部至广西西南部的丘陵地带，体羽也呈橄榄绿色，颇似暗绿绣眼鸟，其区别在于沿腹中心向下有一道狭窄的灰黄色斑纹，白色的眼圈较窄，没有暗绿绣眼鸟和红胁绣眼鸟长得好看。

绣眼鸟最喜欢在林间的枝头上穿飞跳跃，非繁殖季节有集群的习性，秋季集群多达六七十只，俗称"秋泛"。从解剖绣眼鸟的胃肠试验看，它取食以昆虫为主，如蝗虫、蚜虫、叩头虫、金龟甲等；其次是啄食少量的浆果。它的舌头伸缩自如，舌端长有两簇硬纤维，能伸入花朵中吸食花蜜，所以香

暗绿绣眼鸟 ｜ 摄影/郭华兵

花也是它的好食料。

每年3~8月，是绣眼鸟的繁殖季节。它的巢筑在阔叶林内，多为吊篮式巢，隐藏在浓密的枝叶间，很不易发现。每窝产卵4~5枚，卵呈天蓝色或纯白色，孵化11~13天幼雏才出壳。鸣叫时，音调虽然不复杂，声调也变化不多，但它那酷似"滑儿，滑——儿，滑——儿"的歌唱，给人以心旷神怡的感觉；它那略带颤音的"淇——淇——淇"的鸣声，又给人以细语缠绵之意。有趣的是，绣眼鸟还常在树枝上倒悬、仰望、侧挂以及做前滚翻和后滚翻的动作。对那些边飞边鸣的绣眼鸟，我们可称为"凤凰飞"；在鸣叫时两翅展开、形若蝴蝶飞舞的可称为"蝴蝶开"；在鸣叫时除两翅展开外、尾羽向上翘起的可称为"元宝开"。

在人们欣赏绣眼鸟的鸣声和优美舞姿的同时，对其鲜艳的羽毛也许赞叹不已。可以这样理解，所有的动物，只有鸟的身上才披有羽毛。羽毛是鸟类区分于其他动物的重要标志。

鸟类的羽毛五颜六色，绚丽多彩，十分好看。人们到野外观鸟，会看到亮蓝色的翠鸟，白色的白鹤，黑色的天鹅，栗色的麻雀，绿色的柳莺，头上长满白羽毛的白头鹎，头戴紫红色羽冠的雉鸡，红黄绿白黑各色相杂的鹦鹉，以及羽毛艳丽、飞羽竖立的鸳鸯和五彩斑斓的孔雀等等，有的还杂以各种不同颜色的条纹、斑纹或斑点。

这些多色多样的羽毛，是鸟类在长期的进化过程中形成的，具有保护、威慑和炫耀等作用。如沼泽中的苇莺、树干上的旋木雀、沙草地上的百灵鸟，它们的羽色同所处的环境一致，很难被敌害发现，是一种防御天敌的保护性适应。猴面鹰通身羽毛呈灰褐色，脸似猴相，体姿如鹰，使许多动物一见到

暗绿绣眼鸟　摄影/于凤琴

就害怕。还有些鸟类，能随着季节的变化改变羽色，如雷鸟在冬季为白色，其他季节为棕栗色，与周围的环境十分协调，也有利于自我保护。

在同一种鸟类中，如果雄雌鸟的羽毛相似，其羽色一般都比较单调，或只有绿色、黑色、褐色、白色和两三种羽色合在一起的羽毛。羽毛不相同的雄雌鸟类，羽色常千差万别，目的是雄鸟能用美丽的羽毛向雌鸟炫耀求爱。仍以孔雀为例，雄孔雀比雌孔雀的羽毛漂亮得多，并能开屏示爱，雌孔雀就没有这种功能。

根据鸟类羽毛的形态、作用和分布的不同，大致可分为飞羽、尾羽、覆羽、绒羽和纤羽。飞羽长在翅膀上，沿着翼缘有次序地排列着，其中排列在外面的为初级飞羽，中间的为次级飞羽，内侧的为三级飞羽，在飞翔时起着整体挥动和拍击空气的作用；尾羽长在鸟的身体后端，羽毛强直，长短不一，主要作用是在飞翔时转换方向和平衡身体，如同船只上的舵，像啄木鸟之类的尾羽还用来支撑身体；覆羽披盖在鸟体表面，羽支比飞羽小，也没有飞羽硬，使鸟体构成流线型的外形，以减少飞翔时的空气阻力，同时又可以保护身体避免机械性伤害和防止体温散发；绒羽长在覆羽的下面，它比棉花还要柔软和轻细，富有弹性、蓬松而不易绞缠，便于皮肤呼吸和透气，是一层极好的保温层；纤羽细长如头发，杂生在覆羽和绒羽之间，常常伸在覆羽外面成为装饰品，具有一定的感觉器官功能。

红胁绣眼鸟 ｜摄影/王斌

鹧鸪啼声译意

鹧鸪的故乡在中国,其种群终年留居在云南、贵州、广西、广东、海南、福建、浙江、湖南、江西等南方各地;在安徽阜阳、山东烟台北方等地也偶然可见。东南亚地区,如缅甸、老挝、越南等国亦有分布。

在鸟类分类学上,鹧鸪属鹑鸡类,外形有点像鹌鹑,又有点像石鸡。羽毛以棕褐色为主,枕、上背、下体及两翼有醒目的白点,背和尾具白色横斑;头部黑色带栗色眉纹,一宽阔的白色条带由眼下延伸到耳羽,颏及喉部为白色,脚橙黄。常栖于山地,特别喜欢在灌丛和疏林地带活动。以植物种子为食,也吃昆虫、蚯蚓和嫩草。巢筑在地面低凹处的草丛中,每窝产卵5~8枚,是典型的地栖禽。有趣的是,鹧鸪睡觉时,常常潜卧在草地上围成一个半圆圈,尾朝内,头朝外,以便及时发现"敌情"和抵御敌害。

唐人郑谷咏鹧鸪诗云:"暖戏烟芜锦翼齐,品流应得近山鸡。雨昏青草湖边过,花落黄陵庙里啼。游子乍闻征袖湿,佳人才唱翠眉低。相呼相应湘江阔,苦竹丛深春日西。"春末夏初是鹧鸪的繁殖期,雄鸟占地为王,常隐匿在草木丛生的山坡上,发出嘹亮的鸣叫:"几——几——几——,嘎——嘎",昼夜不息。叫前一种声音时,将头低垂,然后引颈高呼"嘎——嘎"。鹧鸪的称谓,即是其啼声的谐音。

鸟类中,鹧鸪的啼声译意是最多的。由于人们所处的环境和生活的地区不同,对

红喉山鹧鸪 | 摄影/徐晓东

于鹧鸪的啼声译意也有所不同，往往会触景生情，带入多种情感色调。从诗词歌赋上看，古人一般将鹧鸪的鸣叫拟音为"行不得也哥哥"或"行不得哥哥"。如任士林的《禽言》："行不得也哥哥，未曙登程日已蹉，腹饥足跣可奈何，前山雨暗豺虎多。"丘浚的《禽言》："行不得也哥哥，十八滩头乱石多。东去入闽南入广，溪流湍驶岭嵯峨，行不得也哥哥。"车林的《鸟言》："行不得哥哥，天荆满，地棘多，含沙鬼蜮伺人过，奈若何？"

有些迁客骚人在吟咏鹧鸪时，还时常把鹧鸪的啼声译为"懊恼泽家"。如韦庄的《鹧鸪》："南禽无侣似相依，锦翅双双傍马飞。孤竹庙前啼暮雨，汨罗祠畔吊残晖。秦人只解歌为曲，越女空能画作衣。懊恼泽家非有恨，年年长忆凤城归。"有的还拟音成"钩辀格磔"，如李群玉的《九子坡闻鹧鸪》："落照苍茫秋草明，鹧鸪啼处远人行。正穿诘曲崎岖路，更听钩辀格磔声。曾泊桂江深岸雨，亦于梅岭阻归程。此时为尔肠千断，乞放今宵白发生。"因而人们常把"格磔"作为鹧鸪的代名词。

《禽经》说，鹧鸪"飞必南翥，晋安曰怀南。"张华注道："鹧鸪其鸣自呼，飞必南向，虽东西迴翔，开翅之始，必先南翥，其志怀南，不徂北也。"《北户录》引《广志》道："鹧鸪鸣云，但南不北。"于是"但南不北"又成为鹧鸪啼声的又一译意。雄鸟之间十分好斗，《梦溪笔谈》记载："尝有人善调山鹧，使之斗，莫可与敌。"至今在福建一些地方，人们将鹧鸪的啼声拟为"鹧鸪仔打打"或"鹧鸪仔大大"。就是说鹧鸪不斗则已，一斗非斗个你死我活不可，否则算不上"大大"。旧社会，许多人以行猎为业，猎人最爱听鹧鸪的鸣叫，将其啼声译为"十二两爸爸"或"十二两平平"。因为每只鹧鸪成鸟的体重，用旧秤（十六两为一市斤）过秤，几乎同是十二两。

鹧鸪的啼声，还引起许多诗人的赞颂。唐代刘禹锡诗："唱尽新词欢不见，红霞映树鹧鸪鸣"；宋人范成大诗："一春客梦饱风雨，行尽江南闻鹧鸪"；明人史鉴诗："亭子半开修竹里，一帘春雨鹧鸪啼"……随着人们生态保护意识的增强，禁猎已成为时尚，即便过去认为是狩猎对象的鹧鸪也在保护之列。在荒林山野听听鹧鸪的啼叫，也许是人们最大的乐趣。

东方白鹳 | 摄影/宋晔

哑巴白鹳

"人有嘴会说话,鸟有嘴会鸣叫",这是一般常识。但有的人有嘴不会说话,有的鸟有嘴不会鸣叫,被称为哑巴。鸟类中的哑巴,以白鹳为代表。

白鹳别名老鹳,是鹳形目中的一种大型涉禽,体长约1.2米,喙直长而粗壮,脚细长,通体羽毛大都为纯白色,只有肩羽、翼羽呈亮黑色,喙黑色或红色,跗蹠和趾暗红色,样子有点像鹤又有点像鹭。不太被人们注意的是,白鹳不会鸣叫,是个道地的哑巴,只会用喙的上下壳互相敲击发出"哒、哒、哒"的声响,如同打快板一样。

鸟类的发声器官叫鸣管,位于气管与支气管的交界处,由若干个扩大的软骨环及其间的薄膜组成。这种薄膜又称鸣膜或鸣肌,能通过吸进呼出的空气发出各种不同的声音。因此,鸣禽一类的鸟类不仅鸣声嘹亮,婉转多变,而且像鹩哥、鹦鹉、八哥等还具有"学舌"的本领。白鹳的鸣管不发达,以击喙的方式发出"哒、哒、哒"的声响,借以表达各种不同的用意,同族个体也懂得这种击喙的含义。对于这种现象,早在宋代寇宗奭的《本草衍义》中就有记载:"鹳:头无丹,项无乌带,身如鹤者是,兼不善唳,但以喙相击而鸣。"

杜甫诗云:"江鹳巧当幽径浴,邻鸡还过短墙来。"每当离巢的白鹳回巢出现在天空时,通常要同巢中的白鹳击喙打招呼,巢中的白鹳也会击喙欢迎;遇到天敌,白鹳总是半亮双翅,尾羽向上竖起,紧蹬双脚,不停地发出恐吓击喙的声响,将天敌赶走,或者以警戒击喙声,通知同伴一起迅速地飞逃;繁殖期

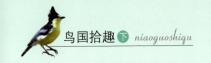

间,白鹳还一边击喙,一边把头向后仰,雄鸟和雌鸟转舞一番,这种求偶击喙,似有一见钟情、献媚相恋之意。上海动物园有只白鹳与饲养员混熟了,只要饲养员出现在它面前,立刻"哒、哒、哒"地击喙不停,处于一种极度兴奋状态,好像在说:"面包有了,一切都有了!"白鹳的同科兄弟黑鹳则既不会鸣叫,也不会击喙,只会伸长颈,从气管里以呼吸的轻重快慢发出"唏——哈、唏——哈"之声。这种姿态性的"语言",也是一种传递信息的方式。

白鹳繁殖于欧亚大陆北部,中国见于新疆西部和东北三省,迁徙期间沿海各省偶有所见。在非洲南部、江西、福建、广东等湖泊沼泽地带及台湾越冬。它性情温和,举止安详,常常徜徉于浅水处觅食鱼虾、贝类、昆虫和蛙类等,偶尔也捕食蜥蜴、鼠、蛇等动物。有时干脆待在水边,单足独立,颈稍下缩,守株待兔地等着食饵送上门来。研究鸟类的食性,一般是解剖嗉囊和胃,分析其内容物。而要研究白鹳的食性则用不着动刀子,只要把它捉来,恐吓一下,它就会把吃的东西和盘吐出来;待你离去,它又会把吐出的东西偷偷地吞进肚里。

"春去花还在,人来鸟不惊。"白鹳喜欢同人相处。它的巢筑在住家的屋顶或靠近农舍的大树上。巢很大,一般都是在旧巢的基础上年年修整加固而成。据报道,匈牙利有一棵树上的白鹳巢,经过多年的营造扩大到高2.5米,直径2米,重900多千克,实在惊人。在欧洲,远在中世纪初期,人们就把白鹳营巢在住处看成是吉祥之兆,并说婴儿是鹳鸟送来的,因而联邦德国选白鹳为国鸟。

白鹳通常在四五月份产卵,卵呈白色椭圆形,重约150克。产卵的数目与周边的生态环境和食物的来源密切相关,最多可产6枚,一般产3~4枚,也有只产1枚或不产卵的,孵化期32天左右。并随时将中途夭折孵不出小鸟的卵予以清除,俗称"弃卵"。近半个世纪以来,由于环境污染等多种原因,白鹳的繁衍生殖能力大不如前,"弃卵"不断增加,自然种群数量急剧下降,欧洲许多国家的白鹳已经绝迹,为数较多的还存在于中国,被称之为"东方白鹳"。为了招引白鹳,世界上许多国家成立了保护鹳鸟组织,请专家指导如何建造和修理鹳巢、给鹳鸟投放食料、进行科学人工孵化等措施,以使白鹳不致绝种。

鸟语人亦知

在浩瀚缥缈的青海湖上，有一个蜚声中外的鸟岛，面积只有0.27平方千米。你说她小吗？可她拥有鸟类居民达10万之众，大至海雕、天鹅，小至云雀、小燕鸥，不大不小的鱼鸥、鸬鹚、斑头雁、棕头鸥、绿头鸭等，不下30种。其中数量最多的是性情温顺的斑头雁，它们被称为岛上的主人。

斑头雁全身灰白，头后有两道黑斑，身体肥胖可爱，每年四五月从遥远的南方成群飞来。它们的巢遍布全岛，其他鸟的巢夹杂在其间，密密麻麻，无插足之地。待这些巢的主人孵出雏来，那无以计数的雏鸟更是叽叽嘎嘎，喧噪不迭，热闹非凡。

在这众多的雏鸟当中，人们不禁会问：当斑头雁外出归巢时，它们是怎样迅速地找到自己的孩子呢？是根据巢的形状来识亲的吗？很难说，因为它们的巢千篇一律，且巢旁看不出有什么明显的标志；是根据自己孩子的特征来识亲的吗？不一定，因为这些雏鸟的模样都十分相似，而斑头雁很少有按孩子特征寻找孩子的迹象……长期以来，这个问题一直为科学家们所不解。

东方大苇莺 ｜ 摄影/李汝河

美国华盛顿大学的鸟类学家皮契和斯多达特经过多年考察发现,秘密就在雏鸟的叫声里。他们用微型录音机在某鸟巢里录下雏鸟的叫声,然后又到不远处的另一空鸟巢里播放。结果亲鸟上当了,它一听到播放的录音,便飞速跟踪而来。

在常人听来,雏鸟的叫声是一样的,但根据特制的计算机分析,它们仍有细微的差异。如音调的高低、升降调的多寡、调门之间的间隔时间等,都是大不一样的。由此看来,斑头雁识亲的奥秘就在于聆听雏鸟的鸣叫。当它听到孩子的呼唤时,就可直抵身边,不被其他的雏鸟所混淆。就像人类善于识别自己的子女声音一样。当然,识亲是相互的,当雏鸟在听到老斑头雁的鸣声后,会叫得更加起劲。难怪斑头雁在归巢前,总要先鸣叫几声,原来是告诉孩子:"妈妈回来了!"

唐代诗人白居易《秦吉了》诗:"耳聪心慧舌端巧,鸟语人言无不通。"其实,鸟类的鸣叫同人类的语言一样复杂。"嘎——嘎——嘎",这是鸭子的欢快叫声;"开奥——开奥——开奥",这是啄木鸟的敲击啼声;"交交——交交——",这是红嘴相思鸟在有节奏地鸣叫。翠鸟的叫声是"唧——唧——

八哥 | 摄影/李汝河

唧"，如同旧时织布机的操作声；白脸山雀的叫声是"吱吱飞——吱吱飞"，犹如带有颤音的笛声。

前苏联科学院鸟语研究室根据这些鸟语鸣叫的振动曲线和其行为对照，把多种不同含意的鸟鸣分别进行录音，编辑了一部鸟语词典。当人们听到某种鸟的鸣叫，或者是看到某种鸟时，只要查一查鸟语词典，就可以知道这种鸟的形态、习性以及分布范围；还可以翻译出这种鸟的叫声是求偶、欢娱、群集、恐惧还是寻亲、迁徙、觅食、孵卵等等。

鸟鸣也许是人类最爱听的一种自然音乐，人们爱鸟的原因之一，也就是因为鸟的歌声婉转动听，清脆悦耳。如"油——流油——流油"，画眉的歌声圆润优美；"割麦插禾——割麦插禾"，杜鹃的歌声悠扬委婉；"秀——活活活活活"，黄莺的歌声活泼轻快；"呱呱无屋住——呱呱无屋住"，斑鸠的歌声别有一番情趣……

巴西坎比纳斯大学生物学院的两位鸟类专家10多年来，把鸟类的鸣叫作为重大研究课题，先后录制了各种鸟鸣录音带4000多盒。为了使人们欣赏到鸟类的歌唱，他们在实验室内，经过科学加工合成，给予科学解说，录制成了鸟鸣唱片。播出后给人们以新颖、自然、欢快和美的享受。俄罗斯科学院动物研究所灌制的鸟鸣唱片应用表明，只要播放麻雀遇到敌害时的惊叫声唱片，正在庄稼地里糟蹋粮食的麻雀便会逃离现场；在飞机场播放鹰隼一类猛禽的恐怖鸟鸣唱片，就可以驱逐机场飞鸟，避免飞机着陆和起飞时鸟撞飞机事件；为招引某种益鸟，播放这种益鸟的雄鸟求偶歌唱唱片，还可以把这种益鸟的雌鸟吸引过来同居。

世界上最大的鸟——鸵鸟

鸵鸟是现今世界上最大的鸟,身高2.5米左右,体重可达160千克。它所产的卵长径15~20厘米,宽径13~15厘米,卵壳厚度约0.3厘米,卵重1300~1700克,也是鸟类中产卵最大的。

据古生物学家考证,在距今约1200万年前的第三纪时期,鸵鸟曾广泛分布在欧洲和亚洲的许多地方。像中国华东和华北地区,都发现过它的踪迹。后来,由于地壳变动,生态环境、气候等方面的变化,使原来在这些地方生活的鸵鸟都先后灭绝或迁移了。目前只有南半球的非洲、美洲和大洋洲大陆的草原及荒漠草原有少量的野生分布,已成为世界上的稀有珍禽。其家族可分为非洲鸵鸟、美洲鸵鸟和大洋洲鸵鸟三大类群。

鸵鸟的翅膀已经退化,不会飞翔,只能在奔跑时张起双翅搧动,帮助维持身体平衡和加快奔跑的速度。然而它的腿脚粗壮有力,跨越一步3米有余。行进中的速度,每小时可达60~70千米,连羚羊和快马也甘拜下风。如果保持平稳的时速35千米,它能一口气连跑10小时。正是由于鸵鸟有这种本事加上其敏锐的眼睛和灵敏的听觉,使它能够及早地发现远处的敌人而迅速"走为上"或躲避起来。倘是逼处一隅,鸵鸟也会抬起能刺穿薄铁板的脚趾,猛踢过去,把进攻者弄得腹破肠流,或者是狼狈不堪,仓皇逃遁。当然,鸵鸟有时也会成为天敌的牺牲品。

有个形容那些不愿正视现实政策或不敢面对险情行径的国际性俗语,叫"鸵鸟政策"。本意是说鸵鸟遇到天敌时,只会将头钻进沙里,以为自己看不见敌人,敌人就看不见自己,就可以平安无事了。其实这是一种误解。任何动物都有自卫本领,有进攻型的,有逃跑型的,也有躲避型的。鸵鸟偏重于逃跑和躲避型。当它遇到危险临近、无法脱身时,就把自己的头颈平贴地面,身体蜷曲一团,以其暗褐色羽毛伪装成灌木丛、岩石或蚁冢,凭借闪闪发光的沙漠薄气作掩护,敌人就很难发现它了。由此看来,鸵鸟的这种避敌方法,非但不愚蠢而且极聪明,"鸵鸟政策"应该被赋予新的含义。

鸵鸟躯体庞大,食量也随之相当大。它一天要吃5~10千克食物,主要是杂草、树叶和果实,有时也吃点小动物诸如青蛙、蚱蜢、蝗虫等。因为没有牙齿,往往要吞食一些小石子或相当硬的颗粒物,帮助磨碎胃里的食物。鸵鸟进食时不能把食物嚼碎,而是把食物囫囵吞进舌基部的袋状囊内,当袋囊填满以后,再抬起脖子,将食团从咽部经过长长的颈子滑到胃内。

鸟类的胃分腺胃(前胃)和肌胃(砂囊)。前者能分泌黏液(一种强酸)和消化液,对食物进行初步过滤;后者如同是鸟类的"牙齿",外面为发达的肌肉层,内壁有很厚的角质膜,能进行收缩运动。鸵鸟吞进去的小石子或硬的颗粒物就贮藏在肌胃里,经小石子或硬的颗粒物同食物相互摩擦,进而将食物慢慢地磨碎,再进入肠道而被消化吸收。

今日中国虽不产鸵鸟,但早在汉代就有关于鸵鸟的记载。有人认为,《汉书·西域传·安息国》中的"大马爵",即指的是鸵鸟。颜师古注引《广志》:"大爵,颈及膺身,蹄似橐驼,色苍,举头高八九尺,张翅丈余,食大麦。"到唐代,《新唐书》载:"永徽元年,(吐火罗)献大鸟,高七尺,色黑,足类橐驼,翅而行,日三百里,能啖铁,俗谓鸵鸟。"宋代赵汝适在《诸蕃志》中,则把鸵鸟称为"骆驼鹤":"弼琶啰国……土多骆驼、绵羊,以骆驼肉并乳及烧饼为常馔……又产物名骆驼鹤,身项长六七尺,有翼能飞,但不甚高。"至明清两代,《明史》、《星槎胜览后集》、《蠕范》、《广东新语》等书,均提到过鸵鸟,名字有的叫驼鸡、驼蹏鸡、驼蹄鸡,也有的叫骨托、骨托禽、火鸡或食火鸡。

鸵鸟 | 摄影/乔轶伦

花的"媒人"——太阳鸟

人们盛赞蜜蜂、蝴蝶是花的授粉者,却很少有人提及太阳鸟也是花的"媒人"。这类鸟主要分布在亚洲南部、印度尼西亚和菲律宾群岛,体长不超过8厘米,体重只有6克左右,最小的不大于一只大野蜂。因其纤小玲珑、羽色艳丽,当雨过天晴或朝霞初露成群地飞舞在花丛中时,犹如身披霞光、灿烂夺目的太阳而故名。由于此类鸟的形态特征与产于南美和中南美洲的蜂鸟极其相似,所以又被西方学者称为东方蜂鸟。还有啄花鸟、玩花鸟、飞行宝石、带翅膀的月下老人等俗称。

太阳鸟的种类有许多,在中国属于稀有鸟类,约有11种。现已查明:云南西部有中央尾羽蓝色、腹部绿灰色、喉和胸黑色的黑胸太阳鸟;广东、广西和武夷山自然保护区有头部和尾部绿色,喉、胸边缘深红色,中央尾羽分叉的叉尾太阳鸟;四川西部有头、颈前部,喉和胸侧具金属蓝紫色斑的蓝喉太阳鸟;西双版纳有背、腰黄色,胸部红色,尾羽呈金属绿色的黄腰太阳鸟,以及尾羽呈鲜红色的火尾太阳鸟和喉部具有金绿色的绿喉太阳鸟。

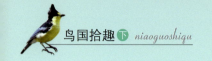

叉尾太阳鸟　摄影/王尧天

太阳鸟有着高超的飞行技巧,既能向前飞,又能倒退飞,还能向上向下飞和不进不退地停在空中飞。这在鸟类学上称为"悬飞"或"搧飞"。即将身子悬起来,两个翅膀急速地搧动,前进后退自如、上下左右飞行随意,乃至在原有位置上静止不动。这是许多鸟类无法实现的。在飞行时,太阳鸟的两翼平均每秒钟搧动高达60多次,人们只能看到一团晃动的翅影,如同启动的吊扇一样，看不到"庐山真面目"。别看太阳鸟的躯体小，可它们却勇敢得很。当大鸟触犯到它们的利益的时候，它们便群起而攻之。众多太阳鸟聚集在一起，围绕大鸟头部盘旋，不停地发出鸣鸣的叫声，使大鸟头昏目眩，不得不狼狈逃遁。

黄腰太阳鸟　　摄影/宋晔

　　同蜜蜂一样，太阳鸟以花粉为食，但不酿蜜。遇到没有花粉可采时，也常捕食花丛中的小蜘蛛、甲虫、飞蝇等。它们长着一个细长而下弯的嘴，舌呈管状，末端分叉有毛边。当太阳鸟把嘴插进花蕊取食时，管状舌如同活塞一样，通过紧紧封闭的嘴可以吮吸到花粉。有趣的是，大多数太阳鸟吃花粉不是停在花枝上，而是吊着身子定悬在空中，一边振翅一边取食。这对植物没有伤害，相反却帮助植物传授了花粉，充当了花的"媒人"。因为太阳鸟每进食一次，要采集数百朵甚至数千朵鲜花中的花粉，如同蜜蜂和蝴蝶采花一样，无意之中给花传了粉。不过，"鸟媒花"与"虫媒花"有很大的区别，它们又大又实，很少有香味，多为单瓣，呈喇叭状。凡是太阳鸟授粉过的植物，无不枝繁叶茂，花果满枝。

　　太阳鸟有一个特殊的习惯，喜欢活动在海拔3000米以下人烟稀少的针阔混交林、常绿阔叶林和次生林地带，不作季节性的长途迁徙，只是在冬季到来之前，飞往海拔较低、温度较暖的山脚下越冬。到了初春，它们又逐步"拔高"，重新回到原来栖息过的、较凉爽的地方消夏。它们的巢大多悬挂在灌木丛间的小树上，也有的筑在山沟两旁被水冲刷而暴露在外的树根上，远看像个梨子。春夏季是太阳鸟的繁殖季节，每窝产卵2~3只。卵像极了豌豆粒，为洁白色，偶尔也发现有的卵表面散落着稀少的褐色斑点。

白鹇白如锦

棠梨花开满山白,白鹇飞来春一色。
黄鹂紫燕太匆忙,不道花间有闲客。
却嫌香露污春衣,立向湘江映夕晖。
鸥鹭相逢莫相妒,一双还拂楚烟归。

这首措辞严谨、意境优美的《白鹇》诗,出自元末明初诗人杨基之手。白鹇是雉科中一种外形较美丽的鸟。雄鸟全长90厘米左右,上体和两翅的羽毛洁白,满布细小的黑色涟漪花纹,脸的裸出部分和足为红色,头上的羽冠及下体为灰蓝色,尾羽长大,大部分为纯白色。看上去淡雅素洁,宛如白衣仙子。雌鸟全长60厘米左右,上体、两翅和尾羽呈橄榄褐色,下体为灰褐色而有白斑,枕羽近黑色。比起雄鸟来要逊色得多。尤其当白鹇雄鸟出现在棠梨花盛开的花丛中时,白色的花点缀着白色的鸟,浑然一色,彼此难分,更是淡雅异常。

白鹇 | 摄影/李汝河

白鹇，古名鹖雉。《尔雅·释鸟》曰："鹖雉，鹪雉。"晋代郭璞《尔雅注》云："今白鹇也。江东呼曰鹖，亦名白雉。"在《山海经》中称白翰："嶓冢之山，鸟多白翰。"《山海经·郭璞注》云："白翰，白雉也。"又有闲客之谓。明代李时珍在《本草纲目》中云："按张华云：行止闲暇，故曰鹇，李昉命为闲客。"因古时盛产于越地，又称为越鸟、越禽和越雉。汉代刘歆的《西京杂记》就提到："南越王献高帝……白鹇、黑鹇各一双。高帝大悦，厚报遣其使。"今日白鹇在中国有8个亚种，广东、广西、海南、福建、江西、浙江、安徽及西南地区等分布较为广泛，老挝、缅甸等东南亚国家也有分布。18世纪时，中国的白鹇首次输入欧洲，现国内外动物园几乎都有展示。1989年，广东省人民政府将白鹇定为省鸟，从而使这一古老的名贵观赏珍禽更得到人们的喜爱。

白鹇栖居在海拔1000~2000米的山地，白天隐匿不见，晨昏结群觅食。主要吃植物种子和昆虫，也吃浆果、花瓣和嫩叶。走起路来总是左顾右盼，旁若无人，并发出粗粝的鸣声。若发现敌情，立即逃窜疾走。这时羽冠竖立，迎风吹散，仿佛"头巾"在风中飘扬，别有风姿。它不善于高飞，在遇障碍或迫不得已时，才做短距离的滑翔。每当雅洁的羽裳染上了污垢，便在沙地上做沙浴，将身体擦拭得干干净净。夜间露宿在树上时，常常一只跟一只地飞上树枝，然后逐步移动、靠拢，排成一行。偷猎者往往借助手电照射瞄准，一射击即关电筒，弹无虚发，未被击落的在树枝上则靠得更紧。这样如此反复，可以连续照射，连续射击，一般可击获四五只。这种做法实在令人不能容忍。

白鹇在4月份开始交配繁殖，雄鸟占有多只配偶，雌鸟亦与多只雄鸟相配。营巢于灌木丛间的地面凹处，内垫杂草、树叶、兽毛等柔软物。每窝产卵4~6枚，卵如鸡蛋大，呈棕褐色，孵化期为24天。在发情期间，雄鸟之间特别好斗，不斗则罢，斗则斗个你死我亡，惨不忍睹。而雌鸟则在一旁观望，视而不见，只有获胜者才能任意选择"妻妾"。这在人类学上，叫做"胜者为王，败者为寇"。

白鹇虽为野禽,但可以驯养。古人饲养白鹇,常在笼舍内放养。唐代大诗人李白《赠黄山胡公求白鹇》曰:"请以双白璧,买君双白鹇。白鹇白如锦,白雪耻容颜。照影玉潭里,刷毛琪树间。夜栖寒月静,朝步落花闲。我愿得此鸟,玩之坐碧山。胡公能辍赠,笼寄野人还。"还在这首诗的序中曰:"闻黄山胡公有双白鹇,盖是家鸡所伏,自小驯狎,了无惊猜,以其名呼之,皆就掌取食。然此鸟耿介,尤难畜之。余平生酷好,竟莫能致。而胡公辍赠于我……"

人工饲养白鹇,过去将其卵利用家鸡代孵,现今多用孵卵器由人工孵化或让驯养成熟的白鹇坐巢孵化。场地选用安静、干燥、通风之处,搭设网笼结构。地面上铺有沙土,设立固定的栖木,以供白鹇沙浴和栖息。食物以各种植物种子为主,供给适当的青菜,并给以足够的饮水。繁殖期添加适当的动物性食物,如蝗虫、蚯蚓、稻飞虫、贝壳及蛋类等。幼雏饲喂面粉虫、熟鸡蛋、混合粉料、骨粉等。

白鹇 | 摄影/李汝河

白头鹎 摄影/李汝河

白头翁诗话

"琅玕袅袅碧云空,雪缀斜梢倚北风。丹凤不来年岁晚,一枝聊借白头翁。"这是元人宋褧写的《雪竹白头翁横披》。在这首七绝诗中,作者寥寥几笔,就刻画出白头翁在风雪中展翅飞翔的英姿。

白头翁又名白头鹎、白头婆。为了与草本植物白头翁相互区别,亦有称这种雀形目鹎科的小型鸟类为白头翁鸟的。其额和头顶黑色,喉及枕羽白色,老鸟枕羽更为洁白。背、腰及尾上复羽橄榄灰而带黄绿色,胸部横贯以褐灰色宽纹,胸以下灰白色,羽缘黄绿,脚和嘴黑褐。传说此鸟多愁善感,无情无尽的烦恼折磨着它,使枕羽烦恼得白了,故得了白头翁这个雅号。

元人虞集为著名画家赵孟頫画的一幅白头翁图题诗:"棠梨枝上白头翁,墨色如新最恼公。直似故园花石外,铜盘和露写东风。"白头翁是长江以南广大地区常见的一种留鸟,性情活泼,不甚怕人,喜欢结群在田园活动,尤其爱在棠梨树的枝头上跳来跳去。平时虽然不喜欢鸣叫,但一到春天、棠梨花开之时,雄鸟便放开歌喉,纵情歌唱,音调似"菊结立——菊结立——菊结郭立——菊结郭立"或"结菊——菊结菊珞",十分悦耳,嘹亮清晰。

白头鹎 ｜ 摄影/李汝河

白头翁的食性很杂，它随着季节的变换而改变胃口。春夏季以吃虫类为主，如金龟甲、长角萤、蜘蛛、壁虱和蛾类幼虫等。秋冬季则主要吃植物性食物，大部分是苦楝、酸枣、芸苔、蓝靛的叶、果实或种子。在果园里，白头翁虽然也啄食一些水果，乃至农田里的粮食作物，可它毕竟功大于过，每只白头翁都可以消灭一大批害虫，是农林业的益鸟之一。

白头翁的繁殖期是在3~8月，一年至少繁殖两次。巢筑在高大的乔木或低矮的灌木上，用草茎、花穗、竹叶、羽毛、稻草等构成，呈深杯状。每窝产卵3~4枚，在椭圆形的淡红色卵上，密布着深红色的斑点，看上去极为美丽。

中国诗人作诗，向来喜欢使用比兴手法。由于白头翁雌雄恩爱，双栖双宿，又有一个饶有风趣的名字，所以常被骚人墨客作为吟诗和绘画的题材。最常见的是，人们把白头翁拟人化，象征为夫妻和好，白头偕老。如明朝诗人钱洪的《题海棠白头翁便面次韵》云："山禽原不解春愁，谁道东风雪满头。迟日满栏花欲睡，双双细语未曾休。"也有的把白头翁同伤春、悲秋联系在一起。如明人王绂的《花上白头翁》云："欲诉芳心未肯休，不知春色去难留。东君亦是无情物，莫向花间怨白头。"元代诗人陈基，也有"雨急风篁忽已秋，幽鸟多情亦白头"的句子。还有的借题发挥，以物寄情，大发愁悲，抒发世事变迁、人生短促、富贵无常的感慨。唐代刘希夷就写过一首《代悲白头翁》："……此翁白头真可怜，伊昔红颜美少年。公子王孙芳树下，清歌妙舞落花前。光禄池台文锦绣，将军楼阁画神仙。一朝卧病无相识，三春行乐在谁边？宛转蛾眉能几时？须臾鹤发乱如丝。但看古来歌舞地，唯有黄昏鸟雀悲。"还有明代诗人沈周的《白头公图》："十日红帘不上钩，雨声滴碎管弦楼。梨花将老春将去，愁白双禽一夜头。"

寿带 | 摄影/李汝河

寿带鸟的尾羽长又长

大多数脊椎动物有一个露出体外的尾巴，而鸟类的短尾椎却隐藏在体内，只在尾综骨上长着许多强直的羽毛，一般为10~15枚，也有的少则4枚，多则30枚以上，构成了尾羽。这些尾羽有长有短，有宽有窄，有翻竖向上，也有低垂向下的。再加上各种各样的羽色，真是千姿百态，美不胜收。然而，鸟的尾羽究竟起什么作用呢？这主要是鸟在飞翔和行走时用来转换方向和平衡身体，好像是船只上的舵，因此尾羽又称舵羽。少数的，如啄木鸟，当停在树干上捕食时，尾羽还能起到支撑身体的作用。但仔细观察，许多鸟的尾羽并不完全具有这些实用价值，特别是那些尾羽长得极长的鸟，这只能作另一种解释，即尾羽除了为生存所必需外，还有一个重要作用就是显示美，以博得配偶的垂青。

长着长尾羽的鸟有许多，其中以寿带鸟最为人们所熟知。这种鸟的体型虽然不大，可雄鸟的尾羽却相当长，两枚中央尾羽的长度，足有体躯的4~5倍（雌鸟中央尾羽不延长），形似绶带。且因"老少"有别，在年轻的时候，体羽背部呈栗色，胸、腹部灰白色，尾羽为栗色；在年老的时候，体羽背部呈白色，杂有黑色的羽干纹，尾羽为白色。当寿带鸟凌空飞翔时，尾羽像绶

带一样随风飘扬,煞是好看。人们很喜欢这种鸟,给它起了许多形象的名字,如绶带、长尾鹟、长尾巴练、一枝花等等。还把拖着栗色尾羽的寿带鸟称为紫带子或紫练;拖着白色尾羽的寿带鸟称为白带子或白练。

在中国东部和中部,春夏季可以觅寻到寿带鸟的踪迹,山区较平原更为常见。一般栖息在树林、竹丛间。几乎每天清晨5点,一缕晨曦刚刚透入密林深处,它就开始纵情歌唱。其鸣声响亮而急促,酷似"你找谁——你找谁——你找谁——"和"求——求福——求福"的声音。这在百鸟中,寿带鸟是唤醒森林的最早歌手。人们一听到它的鸣叫,就早早起床,开始一天的劳作。

寿带鸟是著名的食虫益鸟,嘴基部较宽阔,有发达的口须,善于捕食空中的飞虫。它捕食飞虫像燕子一样,一边缓缓飞行,一边把嘴张开,宛如网兜,边飞边吃。有时长久地站在枝头上,等待着飞虫的光临,一旦飞虫接近就迎上去捕食,然后又栖于原地。对不活动或死飞虫,它是很少吃的。如果有人送上"嗟来食",无论是它喜吃还是不喜吃的,均一概置之不理。其所吃的飞虫,主要是蝇类、蚊类、飞蛾和蝗虫。在肚子饿了的时候,也吃一些松毛虫和植物的种子。

每年的5~7月,是寿带鸟的繁殖期。它的巢筑在树枝的开杈处,相当隐蔽,通常以树皮、竹叶、细草和破布作为巢材。每窝产卵3~4枚,卵为乳白色并带有少量红褐色斑点。在筑巢和产卵的过程中,只要稍有干扰和异物的触动,便会飞到别的地方"另起炉灶";即使不弃巢而走,也不再继续产卵,有几枚卵就孵几枚卵。有时甚至对巢旁的树枝稍加移动,它就不再回巢了。

在民间传说中,人们给寿带鸟增添了许多神秘的色彩,说它是天上的寿星,谁见到了它谁就会健康长寿。南方有些少数民族在给老人祝寿时,常把它捉来当礼品,以示益寿延年,做完寿后再放生。特别是看到寿带鸟拖着长尾在林间飞舞,飘然若仙,因而又把白色寿带鸟说成是梁山伯的化身,栗色寿带鸟说成是祝英台变的。梁祝姻缘,恩爱无疆。

长长的寿带鸟尾羽,往往也给自己带来不少麻烦。每当栖息时,它总要先看看有没有放得下自己尾羽的地方，然后再安顿身子。如果尾羽放得不合适，被卡住或折断，又会给它带来伤痛和不幸。天若下雨，尾羽被淋湿了，身轻尾重，飞行起来又显得非常笨拙。由于长尾的拖累，在地面上行走时跌跌撞撞，很容易受到敌害的攻击，乃至葬身他腹。

寿带 ｜ 摄影/宋晔

扫一扫看视频

寿带

孔雀开屏

到动物园去游玩的人，总想看到孔雀开屏；一旦孔雀开屏，便会迎来无数欢乐的人群。因为孔雀是美丽的，孔雀开屏时更显得绚丽多彩，撩人眼目。

孔雀是美丽、华贵和吉祥的象征，而绿孔雀更是被人们看做是凤凰的化身。它体型较大，雄孔雀如果把尾屏算上，足有两米长。全身羽毛以翠绿、青蓝、紫铜等色为主，也掺杂有白和黑诸色，且闪耀着光泽。头部有一簇直立的冠羽，长约11厘米，宛如一朵插上去的鲜花。雌孔雀虽无尾屏，羽毛的颜色也比较暗淡，但雄孔雀的尾屏却占据了整个身子的2/3。尾屏上的羽枝，几乎每根都长着椭圆形的眼状斑，中间为绿蓝色，外围是黄铜色圆圈，再外围是暗褐色的狭边及橘红色的羽底。真是五光十色、鲜艳夺目。

春天，百花齐放，鸟语啁啾，是许多野生动物的发情期，也是孔雀的繁殖季节。雄孔雀为了博得雌孔雀的青睐，经常在雌孔雀的周围踱来踱去。当它的感情炽烈时，便"飒"的一声，将尾屏抖了开来，那长长的羽枝立刻形成扇状，一个一个眼状斑如同盛开的花朵，在阳光的照耀下，放射出光芒。与此同时，雄孔雀还不停地收缩尾部肌肉，使羽管摩擦，发出"沙沙沙"的声音。这就是我们所说的孔雀开屏。

雄孔雀的屏开全以后，便在雌孔雀面前大献殷勤，有时翩翩起舞，有时发出"哎呜伊、哎呜伊"的鸣叫，并且随着雌孔雀的转动而转动。若雌孔雀有情，就会垂下双翅，浑身震颤，和雄孔雀一起跳起舞来，还用"唏荷、唏荷"的叫声应和着，以至达到交配的目的。

孔雀开屏不仅是自身的一种性反射行为，而且是换羽及长羽的一种标志。冬去春来，寒暑更迭，孔雀的生理机能也随着发生了一系列的变化，旧的羽毛要脱落，新的羽毛要长出来，开屏就可以加快新陈代谢的速度，使本来很美的羽毛重新添上异彩。正因如此，我们常常在动物园里看到未成年的小孔雀也会翘起尾巴，高视阔步，俯首鞠躬，不停地把身子转来转去。

别看孔雀的羽毛如花似锦，但双翅早已退化，不善于高飞，只会奔走和滑翔。它生性机警，人和大型野兽都不易接近，如果遇到了敌害，便会迅速地避开。有时同敌害短兵相接，只好负隅抵抗。你看它，双足紧攥，虎视眈眈，不停地用力摇晃着身子，直到尾屏逐渐竖起打开。尾屏上那些多种颜色的眼状斑也随之闪耀了起来，敌害畏惧于这种"多眼怪鸟"，也就不敢贸然攻击。由此可见，孔雀开屏也是一种防御反射，它是孔雀的力量源泉，能增强抗敌的信心，促进力的转化。但真正同敌害交锋，可惜失败时多，胜利时少。

现今孔雀在中国的分布范围十分有限，数量也不多，只见于云南的西双版纳和滇东南、滇西南的几个县。但据近代人考证，孔雀在中国古代还是分布较广的，新疆、青海、四川、云南、贵州等地都有其踪迹。单说新疆，魏文帝曹丕就在《诏群臣》中道："前于阗（今和田）王山习，所上孔雀尾万枚，文彩五色，以为金根车盖，遥望耀人眼目。"即使是较近的清代，新疆也仍有孔雀。清人史善长在《轮台杂记》中说："孔雀产吐鲁番，翠衣炳耀，饲以谷，驯犹如家鸡。"造成孔雀分布范围的急剧缩小及数量减少的原因，除了野兽的伤害外，最主要的是人类的大量猎捕。据《北史》记载："土多孔雀，群飞山谷间，人取养而食之"。清代诗人祁鹤皋还在《西陲竹枝词》中咏叹孔雀的厄运："圆眼金翎映日高，屏开璀璨翠舒毫。吉光片彩因人显，声价当时重异遭。"清代统治者就曾大量收集孔雀羽翎，装饰在帽子上赐给官吏，使孔雀惨遭捕杀。

孔雀 ｜ 摄影／于凤琴

揭白腰文鸟算命的底

有一类算命先生，专门以鸟衔牌算命为业。他们手提鸟笼，走街串巷，四处张罗。如有人算命，便把一大把签牌摆在地上，将小鸟从笼子里放出来，让鸟衔出签牌，然后再胡编乱造地瞎说一气，借以骗取别人的钱财。

衔牌算命是封建迷信，不值一谈。那么，为什么小鸟能衔出签牌来呢？这是值得"打破砂锅问到底"的。

这种被称为"灵雀"的小鸟叫白腰文鸟，别名算命鸟、十姐妹、鱼鳞沉香，属雀形目，文鸟科。其体型比麻雀稍大，上体的羽毛呈栗褐色，下背转为灰白色，腹部白色，尾呈尖形，嘴厚实而善咬剥谷物，在中国南方是一种留鸟。

白腰文鸟喜欢生活在平原、丘陵的树丛和竹林间，很少去森林活动。食物以谷粒为主，在农作物未成熟的时候，也啄食一些杂草种子。鸣声短促，似箫而带颤音，不太好听。每年4~10月间繁殖，巢筑在松、杉、棕等常绿树上，是用干草、棕丝、竹叶等筑成的一个蓬松的曲颈瓶状巢，进出口在弯曲处。此鸟性喜群居，常10余只栖息在一起，其巢除作繁殖用外，在寒冷的时候也常用来避寒。

白腰文鸟性情温顺，不甚怕人，很容易调教。正因为它有这样的特性，所以有些江湖术士就训练它衔牌算命、卜卦拆字，做骗钱的营生。笔者曾采访一位早已洗手不干、以白腰文鸟衔牌算命的行家。据他介绍，训练白腰文鸟衔牌算命的方法并不难：先是把鸟养得驯服，以至放出笼来也不会飞走。接着便进行衔牌的训练，即主人每天用甜酒或糖浆浸泡过的米粒、苏子喂它，经一两个月以后，鸟便对香甜气味产生了特有的敏感。此时，算命先生便把签牌的一面涂上甜酒或糖浆，另一面则什么东西也不涂。给人衔牌算命时，算命先生将全部签牌中有甜酒或糖浆的一面朝里，在问明来者的情况后，就装着整理签牌的样子，偷偷地把与来者生肖、出生时辰大体相同的一张签牌翻过来，让涂有甜酒或糖浆的一面朝外，再摆好签牌。这样，白腰文鸟便会万无一失地把这张签牌衔出来。由于签牌上写的都是一些似是而非、模棱两可的话，所以算命先生可以据此随便解释。再由于这些算命先生善于看风使舵、察言观色，具有话里套话的本领，因而颇能迷惑一些不明真相的人，以至上当受骗，丢失钱财，贻误大事。

白腰文鸟虽然未列入国家重点保护动物，但属于经济价值比较高的鸟类，对维持自然生态平衡有不可估量的作用，未经林业行政主管部门核发《野生动物驯养繁殖许可证》，任何人都不准捕捉、驯养、繁殖、贩卖、购买及伤害，也不能干衔牌算命的勾当；违者，应该取缔，直至处罚；同时，每一位爱鸟人士都有举报和制止的权力。

白腰文鸟 ｜ 摄影/童光奇

"百舌鸟"乌鸫

乌鸫分布于亚洲、欧洲和非洲,在中国长江流域、华南、西南等地是一种常见的留鸟,属雀形目,鸫科。其通体乌黑色,只有嘴呈橙黄色。雄鸟较雌鸟体色更黑,嘴黄色而更鲜。体型颇似八哥,但额前无羽簇,翅羽无白斑,与八哥有别。

鸟类的鸣叫有叙鸣和啭鸣之分。所谓叙鸣,即是鸟类在日常生活中的语言,用以表示就食、呼唤、集合、警告、疑虑、恐惧之意,雌雄鸟都会使用;啭鸣是雄鸟在寻爱求偶时的歌唱,以吸引雌鸟的青睐和促其性腺的发育,并作为一种占领区信号,不准其他雄鸟进入其所属繁殖领域。乌鸫的叙鸣洪亮尖锐,尾音总要带"吉——吉——吉"声,因而被人们称为"乌鹟"或"乌鹆"。在繁殖期间,乌鸫的啭鸣婉转动听,音韵多变,边歌边舞。尤其巧于模仿别种鸟的鸣叫,从绣眼、百灵、黄鹂到鹊鸲,无不学得惟妙惟肖,所以又有"百舌"和"反舌"的称谓。

"孤鸣若无对,百啭似群吟。"(南梁刘孝绰诗)为了争夺配偶,雄性乌鸫之间特别好斗。一旦拥有妻妾,还在占领区内鸣唱不停,当同类乌鸫听到歌声时,无论有配偶的还是无配偶的就会唱得更频繁、更洪亮。如有一方不听另一方的劝告,擅自侵入对方的领地,就会引起一场搏斗。不过,在一般情况下,只要一方听到另一方的鸣唱,就会领略到对方的本领,从而决定是攻击还是撤退或原地不动。据报道,有一只乌鸫雄鸟会唱200多种鸣禽小调;善鸣的乌鸫雄鸟,从早晨到黄昏可反复歌唱一万多次。

对于乌鸫的鸣唱,古人是多情的。如隋代李孝贞在《听百舌鸟》诗中曰:"烟销上路静,漏尽禁门通。好鸟从西苑,流响入南宫。间关既多绪,变转复无穷。调惊时断绝,音繁有

乌鸫 | 摄影/王斌

异同。"在晨雾消散、宫门初启之时,西苑里传来的乌鸫鸣唱,听起来多种多样,变化无穷,腔调时断时续,繁复高低不同,十分悦耳。宋代文同写诗赞乌鸫曰:"众禽乘春喉吻生,满林无限啼新晴……就中百舌最无谓,满口学尽群鸟声。"唐人严郾的《赋百舌鸟》,甚至怀疑乌鸫满身长着舌头,因而能模仿许多动物的音调。诗曰:"此禽轻巧少同伦,我听长疑舌满身。星未没河先报晓,柳犹粘雪便迎春。频嫌海燕巢难定,却讶林莺语不真。莫倚春风便多事,玉楼还有晏眠人。"在《易纬·通卦验》里还有"仲夏之月,反舌无声;反舌有声,佞人在侧"的说法,认为乌鸫之声能辨人忠奸。杜甫也有诗曰:"百舌来何处,重重只报春。知音兼众语,整翮岂多身。花密藏难见,枝高听转新。过时如发口,君侧有谗人。"这后两句说乌鸫"过时"开叫,能识别坏人是没有科学根据的。但由于乌鸫鸣声动听,善于歌唱而受到历代人们的喜爱倒是事实。

乌鸫栖息在森林、草地或园圃间,常单独或三五成群地在地面穿行觅食,除偶尔吃一些植物种子、浆果外,最喜欢啄食枯枝败叶层内所隐藏的昆虫及小动物。根据这种生活习惯,人们给它起了个"穿草鸡"的别名。由于它特别爱吃蝇蛆,为翻找蝇蛆经常在屎坑或垃圾坑里跳进跳出,因而又得了个"屎坑雀"的外号。在湖北大冶春秋季所剖检的乌鸫胃中,有90%是昆虫,包括蝇蛆、蝗虫、金龟甲、玉米螟幼虫等害虫;在湖南岳阳剖检的乌鸫胃中,危害农林业害虫占80.6%,包括地老虎、蝼蛄、象鼻虫和天牛等。可见乌鸫是有益于人类的益鸟。

乌鸫在三四月间配对生活,巢筑于距地面不太高的乔木枝杈基部,以枯枝、草茎等编成杯状巢,内垫羽毛、树叶等柔软物,外壁涂满了泥土。一年繁殖两次,每窝产卵4~5枚,卵呈淡绿色并带有淡灰色的斑纹。孵卵期为12~15天,育雏期为12~14天。因为雏鸟食量大,一天要吃接近其体重1倍的食物,排粪也就多,加上亲鸟不善于打扫巢内的卫生,故在雏鸟未离巢前,巢内总有一股难闻的臭味,还被称之为"臭乌鸫"。

乌鸫 | 摄影/王尧天

歌星画眉

清晨的江南乡野，空气新鲜，风光明媚。当我们漫步在灌木丛中的时候，往往会听到画眉的鸣叫。它平时的叫声是"歌——来噢——歌——来噢"；群集时又是"啼——歌儿、啼——歌儿"；单独活动时又变成"嘟——嘟、嘟——嘟"……音调复杂多变，鸣声激昂悠扬，素有鸟中"歌星"之雅称。

画眉是雀形目画眉科的鸟类，体长19~25厘米，体重60~100克。雌雄鸟羽毛相似，翅膀较长，飞羽从前胸盖至背后，和扁平的尾羽汇合在一起。除腹部呈绿褐色、黄褐色或灰白色外，周身均为棕黄色，头、前胸和背部有深褐色的轴纹，眼睛周围有一圈鲜明的白毛，并向后延伸成蛾眉状，好像是用白色油彩画了一道长眉。"画眉"这鸟名即由此而来。但台湾的亚种画眉无眉纹。画眉被广州市列为市鸟。

画眉主要生长在长江以南的山林地区，尤其喜欢在低矮的灌木丛中穿飞，不善做长距离的飞翔。性机警胆怯，好隐匿，通常只闻其声，难见其踪。食性较杂，尤其在繁殖季节嗜食昆虫，其中绝大多数是危害农林业的害虫；非繁殖季节或食物缺乏时也啄食某些植物的嫩叶、种子和浆果。在寒冬到来之前，画眉还将采集的食物收藏在地洞或山石间，作为过冬的粮食，所以乡民有谚语说："画眉多藏粮，大雪下得长。"

画眉的巢通常筑在不高的小树上或灌木丛中，是用枯草根、干草茎和小树枝等编成的环状形或浅碟形巢。巢的外壁松散而粗糙，内壁精细而致密，内铺树叶、竹叶、破布、残羽等柔软物。繁殖期在4~7月，每窝产卵3~5枚，卵呈椭圆形，浅蓝色或褐黄色，有黑色斑纹。由雌鸟孵化，雄鸟在巢周围警戒。一旦有敌害靠近，亲鸟不鸣叫也不远飞，只是沿着灌丛底部偷偷逃走，待敌害离开以后再迅速返回孵卵。年繁殖数至少1次，一般在两次以上，堪称"多子多福"。

古往今来，画眉一直是人们最喜欢的观赏鸟之一。清人张潮在《画眉笔谈》题辞中说：鸟之被人观赏，"大抵其类有四：或以羽，或以格，或以勇，或以音。然以羽则近于戏，以格则近于豪，以勇则近于博；惟以音则呢喃睍睆，清韵动人，真所谓俗耳针砭，诗肠鼓吹也……鸟语之佳者，当以画眉为第一。"虽是一家之言，却颇有代表性。

画眉的鸣叫是有一定规律的，且雄鸟较之雌鸟鸣叫优美。雌画眉虽会鸣叫，却不常叫，花哨也不多。在一年当中，求偶和繁殖期的雄画眉鸣叫最动听，通常叫做"大性期"，声音高亢，开扩奔放，富有音韵，给人以精神舒畅之感。以后逐渐"落情"，开始换羽，待新羽长成以后，又开始鸣叫，但这时的鸣叫声远不如大性期那么委婉动听，声音变化也不多，比较单调，所以称为"小性期"。素质好的雄画眉，可以从小性期一直鸣叫到次年的大性期。雄画眉之间在大性期为争夺配偶特别争强好胜，打起架来啄、抓、踢、滚、撞，使上了十八般招式，搅得羽毛翻飞，头破毛落，或者互相对鸣不停，甚至会致使其中的一只鸟伤亡或因久鸣失音。

雄画眉还能仿效麻雀、燕子、喜鹊、绣眼等许多鸟的鸣声，乃至人的口哨声和推小车的嘎吱声。奇妙的是，它能把这些声音有条不紊地衔接起来，运用自如。人们很难区分哪个声音是它们本种固有的，哪个声音是通过学习得来的。如学幼鸟叫，有刚孵出的幼鸟叫声，幼鸟饥饿和饱餐以后的叫声；幼鸟找亲鸟的叫声，幼鸟找到亲鸟后，亲鸟带领幼鸟觅食的幼鸟叫声等等。合起来有一整套幼鸟的鸣声，而且惟妙惟肖，浑厚圆润。这种效鸣，系日久自然模仿而成，毋需经过人为的训教。

美国著名音乐家拉维斯·托马斯描绘说："画眉有时像大演奏家在练习一样，先来个快板，唱到第二节应该有一段复杂的和音时，停止了，觉得不满意，从头再来一遍。有时，它又会完全变动乐谱，仿佛是即兴做出的一组变奏曲。"难怪诗人墨客赞美画眉的鸣声不计其数，如宋人欧阳修的《画眉鸟》诗："百啭千声随意移，山花红紫树高低。始知锁向金笼听，不及林间自在啼"；元人黄溍的《桃竹画眉图》诗："说尽春愁貌不成，翠深红远若为情。

鸟国拾趣 下 niaoguoshiqu

江南有客头空白，断肠东风百啭声"；清人王士祯的《嘉陵江上忆家》诗："自入秦关岁月迟，栈云陇树苦相思。嘉陵驿路三千里，处处青山叫画眉"。

中国一向有"画眉王国"之称，数量多分布地区广，但近半个世纪以来，由于民间大量捕捉饲养为笼鸟，20世纪七八十年代还大量出口换取外汇，加上环境和气候的变化，致使这一种群数量明显减少，2013年画眉被世界自然保护联盟列入低危濒危物种名录。保护益鸟人人有责，我们应该谴责那些违法饲养画眉者，也不允许捕捉和买卖画眉，让画眉在蔚蓝色的天空中自由自在地鸣唱吧！

扫一扫看视频
红尾水鸲捉虫

画眉 ｜ 摄影/李汝河

鹩哥 摄影/王尧天

八哥鹩哥哥俩好

八哥是遍布华南、华东各地的留鸟，体长约26厘米，全身披着黑得发亮的羽毛，腹部较幽暗，额前羽毛耸立如冠状，喙和足为黄色，翅上有一白色横斑，飞时显露呈"八"字，故名八哥。别名除鸲鹆外，尚有鸜鹆、鹦鹆、唧唧鸟、黑八哥、中国凤头八哥等多种称谓。

八哥性喜群栖，经常成小群地跳跃在大树上，有时成批地停歇在屋脊上，或在庄稼地里上下翻飞。它食性较杂，一年中大部分时间以蠕虫和其他昆虫为食，其次是吃植物的果、叶和种子；还喜欢啄食牛身上的蝇、虻和虱，充当"牛医生"。

八哥没有固定的营巢处所，多在树洞及屋檐、古庙的墙壁裂缝中营巢，也常利用喜鹊、乌鸦或翠鸟的旧巢。每年的4~7月，是八哥的繁殖期，台湾的八哥则在3月份就开始产卵。一年可繁殖两窝，每窝产卵4~6枚。当头窝孵出的雏鸟会独立生活以后，就接着繁殖第二窝。

鹩哥又名秦吉了、了哥、九官鸟、海南八哥，体形比八哥稍大。终年留居在云南、广西、广东、海南等地。它同八哥一样，通体乌黑，披着一身黑缎子似的羽毛，放射出紫蓝色的金属光泽；嘴和脚橙色，头的后部左右各有一块黄色肉垂向前延伸至眼下，两翅有少量的白色翼斑。看上去虽然不丑陋，但也不怎么漂亮。

鹩哥主要栖息在上述产地的低山丘陵和山脚平原地区的阔叶林、竹叶林、次生林和混交林中，也见于耕地、旷野和村庄附近的块生林地。常与灰椋鸟、八哥、麻雀等在一起觅食。主要以蚱蜢、白蚁、蝇蚊等昆虫为食，也吃蠕虫、蛙类及植物的种子和嫩芽叶，特别嗜好无花果和榕树上的浆果。是农林业和维护生态平衡的益鸟。

八哥 ｜ 摄影/李汝河

每年3~5月，是鹩哥的繁殖季节。巢多选择在自然形成的树洞或腐朽的树木洞穴内，也能用嘴和爪将小的洞口扩大和清除洞内的残渣，内铺杂草、树叶、羽毛、蛇蜕等柔软物。一般一年繁殖2次，每窝产卵2~3枚。通常成对或两三对在同一棵树上或邻近的树上产卵育雏，互不干扰，相互友爱。

八哥和鹩哥这哥俩，称得上是双胞胎，其主要特点是它们都是中外驰名的鸣禽。平时，它们的鸣声虽不动听，花哨也不多，但会学别种鸟的叫声——咕咕、嘎嘎、叽叽、啸啸，还会惟妙惟肖地学猫的嚎叫声、铁锤的叮当声、婴儿的啼哭声、汽车的喇叭声和锯木的噪声等等。在人工的调教下，还能模仿人言。

宋人周敦颐咏八哥诗曰："舌调鹦鹉实堪夸，醉语令人笑语哗。乱噪林头朝日上，载归牛背夕阳斜。铁衣一色应无杂，星眼双明自不花。学得巧言谁不爱，客来又唤仆传茶。"元人郭翼吟鹩哥诗云："秦吉了，秦吉了，人言汝是能言鸟。嘲啁嘴舌长，卖弄言语巧……"深刻地表达了人们对八哥和鹩哥喧噪的钟爱。在2000年8月1日国家林业局发布的《国家保护的有益的或者有重要经济、科学研究价值的陆生野生动物名录》中，八哥和鹩哥亦被列入其内。

同一切会学舌的鸣禽一样，八哥和鹩哥会学人语纯粹是模仿，根本不懂得人的语言意思。因为它们没有人的思维能力，无法同人进行语言交流。再从八哥和鹩哥的生态来说，它们虽能通过鸣管、喉、咽、口腔发出各种声音，乃至短语，但由于缺少唇、齿、鼻腔等构造，其发音就受到很大的限制。如"双喜"、"自私"、"稀奇"等需要由齿、鼻腔配合发声组合的词句，是说得不大清楚的。某公园曾举行八哥学舌比赛，一只八哥学说"双喜盈门"，把"双喜"的"喜"字，说成"衣"字，结果逗得人们哄堂大笑。

鹦鹉仿人言

据英国《每日电讯报》报道，美国一名叫布赖恩·威尔逊的男子，因车祸丧失说话能力，并被医生断言此生再难张口说话。但医生的预言却被他驯养的两只会说话的鹦鹉打破了，威尔逊从小喜欢驯养繁殖鹦鹉，教会他再度说话的正是这两只鹦鹉。尽管威尔逊车祸后无法讲话而不能再像往日那样与它们"交谈"，可两只鹦鹉却执著地与他"说"个不停。奇迹终于出现了，一天威尔逊嘴里突然冒出了一个单词，然后是两个，越来越多。

这虽是奇闻，但并不是不能实现的。鹦鹉能仿人言在中国就由来已久。早在先秦时期，《山海经》记载："又西百八十里，曰黄山……有鸟焉，其状如鸮，青羽赤喙，人舌能言，名曰鹦鹉。"晋朝张华在《禽经注》中记载："鹦鹉出陇西，能言鸟也。"宋代王安石《字说》云："鹦鹉，如婴儿之学母语，故字从鹦鹉。""鹦鹉"即"鹦鹉"或"鹦哥"，"鹉"、"鹉"音近互换。史载唐玄宗的爱妃杨玉环养的一只鹦鹉，宫女们教它的诗句，它能够一字不漏地背诵出来。唐诗人朱庆馀作《宫中词》曰："寂寂花时闭院门，美人相并立琼轩。含情欲说宫中事，鹦鹉前头不敢言。"古典名著《红楼梦》中，写那只廊下的鹦哥，一见黛玉走来，就先叫道："雪雁，快掀帘子，姑娘来了！"

人类的语言复杂多变，动物中只有鸟类能仿人言，而鸟类中又以鹦鹉是善言的能手。国外有人研究过500多种动物的语言，发现鹦鹉的常用语多达350余种。它的模仿能力很强，有位饲养鹦鹉者，由于经常在水龙头下洗衣服，他的鹦鹉就学会了水流的"哗哗"叫声；房间里经常有蜜蜂飞进飞出，他的鹦鹉也就学会了蜜蜂发出的"嗡

大紫胸鹦鹉 摄影/王尧天

嗡"叫声。同样，鹦鹉还能学昆虫的"叽叽"声、青蛙的"哇哇"声、母鸡的"咯咯"声、风的"呼呼"声、狗的"汪汪"声……在人工的调教下，亦会说些简单的话，诸如"早安"、"您好"、"请进"、"再见"之类，有的甚至能背诵一些简单的诗句。

鹦鹉能仿人言，是不是说它的智商很高，像人一样具有丰富的思维能力呢？回答是否定的。因为鹦鹉说人话纯粹是模仿，根本不懂人的语言含义。这正如唐人皮日休的《哀陇民》所言："彼毛不自珍，彼舌不自言。"鹦鹉不知道自己羽毛的珍贵，也不知道自己学人说话的意思，这叫做"只学人言，不得人意"。钱国桢编译的《鸟类的生活》举了个例子：一只鹦鹉听到敲门声时，会突然喊道："请进来"，有时外面在敲木板，它也会大声叫"请进来"。这可能是由于人们无意识地把敲门声与对客人说"请进来"的二者声音联系在一起，刺激了鹦鹉，使它把这些信号储存起来，因此只要当它听到敲门声，接着就会喊出"请进来"的叫声。可见鹦鹉学舌，只是一种条件反射，当这种本能达到炽烈时，人们在它面前说的一些短语就会唤起它的模仿。

那么，鹦鹉为什么有模仿人言的本领呢？原因是这种鸟具有学舌的"工具"。大家知道，一切动物都有发音器官，鸟类的发音器官主要靠支气管分叉地方的鸣管和舌头。鹦鹉的鸣管构造特殊，舌较圆而富于肉质（一般鸟舌长

鹦鹉 ｜ 摄影/于凤琴

而硬），且记忆力比较强，因而较易模仿人言。再经过人工调教，在食物或条件的诱导下，就自然会说人话了。可是别的动物却不行，拿猿猴来说，它的身体结构虽然接近人类，但由于它不能自觉地调节呼出喉部的气流，学人的动作容易，学人的语言就办不到了。

鹦鹉品种繁多，人工繁殖的范围也很广。享有盛名的要算新西兰人工繁殖的夜鹦鹉、南美洲人工繁殖的金刚鹦鹉、大洋洲人工繁殖的虎皮鹦鹉、非洲人工繁殖的灰色鹦鹉和中国四川、云南、广西人工繁殖的绯胸鹦鹉。可分为大型、中型、小型三大类，以中型鹦鹉中的幼鸟较易驯。

在教学前，要让鹦鹉在笼内或鸟架上自由自在地生活，驯服得愿意接近人，以致打开鸟笼或解开脚链也不飞走。有此基础，才开始教学语言。一般以清晨为宜，因为此时鹦鹉精神最好，又处于饥饿状态，容易学会。教学环境一定要安静，不能有嘈杂声和谈话声，否则会分散它的注意力，也会学到不应该学的声音。教学要循序渐进，选择简单和易发音的词句，每天反复只教同一句话，学会了再巩固一段时间，再教第二句。如用录音机反复播放，效果会更好。教时还应配合食物刺激，学会了或有进步就给它食物，使之形成跟主人学话就有好吃的这种条件反射。正常情况下，一只鹦鹉经过二三年的调教，学会几十句日常用语是没有问题的。

红领鹦鹉　摄影/刘马力

家鸡都从此鸟来

据报道,全世界共有家鸡400多个品种。其中最著名的,卵用鸡有产蛋又勤又多的来航鸡、澳洲黑;肉用鸡有长得又快又大的九斤黄、科尼什、白洛克;卵肉兼用鸡有既产蛋多又长得肥大的芦花鸡、狼山鸡;观赏鸡有长尾鸡、斗鸡和矮脚鸡;乌骨鸡则是药用鸡的代表,著名的中成药乌鸡白凤丸就是用此鸡为主要药材调制成的。然而,这些不同品种的鸡,其祖先只有一个,即达尔文在《动物和植物在家养下的变异》一书中所谈及的"原鸡"。今天,这种野禽在中国的云南、广西、海南以及印度、缅甸、马来西亚等地仍有少量的分布。

原鸡形似家鸡,唯身体瘦小,肉质粗糙,体重只有800克左右,产卵也很少。雄原鸡上体多为红色,下体黑褐,头顶及喉下分别有红色的肉冠和肉垂,背部的羽毛呈箭状,中央尾羽特别长。雌原鸡的体型较雄原鸡稍小,羽毛暗

红原鸡 | 摄影/宋迎涛

淡，肉冠和肉垂均不发达，尾羽也较短。每日凌晨四五点钟，雄原鸡就开始鸣唱，声音酷似"茶花——两朵"，故云南老乡称作茶花鸡；也有人称为红原鸡或野鸡。而雌原鸡的"咯咯"叫声比家母鸡的叫声尖细；幼雏的"叽叽"叫声则与家养的小鸡极相似。有人认为人们驯化原鸡之初，并不是为了吃它的蛋和肉，而是为了报晓。

原鸡栖息在海拔1000米以下的次生竹林、麻栗林、阔叶混交林及灌木丛中，以植物种子、果实、嫩芽、嫩叶等为食，也啄食白蚁、蚯蚓、毛虫、飞蛾等小动物。一般8~10只为一个"家族"，由一只有威信的雄原鸡带队集群活动。每当旭日东升或夕阳西下之前，它们便习惯地在山坡脚下、溪边或耕地上觅食，边吃边饮，悠闲自得。此时，可以看到有些雄原鸡混在村寨附近的家鸡群中觅食，以至同家鸡交配，产出杂交种来。难怪当地居民，常常发现他们所养的鸡活力特别强，很少生病，还喜欢栖息在树上。

同家鸡一样，原鸡有沙浴的习惯。每逢温暖的阳光穿过树林，照射在沙地上的时候，它们就用脚趾将沙土扒成坑，然后在里面翻滚抖翅，将羽毛上的污秽擦洗得干干净净，连羽毛上的寄生虫也擦了下来。在换羽的季节，用此方法，亦可将废旧的羽毛擦掉，以更换新的羽装。

原鸡能飞善走，但飞得不高，飞行的距离也有限，每起飞一次只能飞行150~200米。若要长途飞行，则需停一下飞一下。其繁殖期在3~5月份，也有的到秋季还产卵。一年可抱窝两次，每次产卵5~8枚。卵虽比家鸡蛋小，但形状、色泽与家鸡蛋不分伯仲。在发情期间，雄原鸡之间特别好斗，一旦得胜，便趾高气扬，不可一世，任意选择和霸占"妻妾"。别看雄原鸡的样子雄赳赳，气昂昂，道貌岸然，可却昏庸得很，它整天缠着雌原鸡不放，又是用食物引诱，又是用美丽的翅膀和洪亮的歌声献媚，甚至强迫同雌原鸡婚配。

象征和平的鸽子

报载：瑞士一位银行职员驯养了一只鸽子，他试着把装有2克重黄金的"微型集装箱"固定在鸽子的腿上，然后带着鸽子到远处放飞。结果这只鸽子以每小时50千米的速度，把这只箱子安全地送到1000千米外的这位职员的亲友家。这真是一大奇迹。

家鸽是由野鸽驯养而来的，这种野鸽被鸟类学家命名为原鸽。中国原鸽有两个亚种：一个亚种分布在新疆西部，另一个亚种见于华北一带。原鸽的形态和生态与家鸽十分相似，一般栖居在岩壁或高大古老的建筑物上，以植物的种子和果实为食，一年繁殖2~3窝。

人类养鸽，有人说始于古希腊和古罗马，但达尔文在《物种起源》中说："养鸽最早在埃及第五王朝，大约在公元前三千年"，而那时，尼罗河流域还没有鸡。

中国养鸽的历史，据文献记载也有2000年以上。相传楚汉相争和汉朝张骞出使西域时，就曾利用鸽子传递信息。五代后周王仁裕的《开元天宝遗事》载："张九龄少年时，家养群鸽。每与亲知书信往来，只以书系鸽足上，依所教之处飞往投之。九龄目之为飞奴。时人无不爱讶。"张九龄是唐朝大诗人，许多人都会背诵他的"海上生明月，天涯共此时。情人怨遥夜，竟夕起相思"这几句诗。到宋代，养鸽已成为一种社会风气，那个迁都临安（今杭州）、终日寻欢作乐的高宗赵构，就是一个养鸽迷。当时有人写过一首讽刺他的诗："勒鸽飞腾绕帝都，暮收朝放费功夫。何如养个南来雁，沙漠能传二帝书。"在明末清初之际，中国还出现了一部世界养鸽史上罕见的《鸽经》，它比英、法等西方博物学家对鸽种的研究至少要早100多年。

养鸽最初是作为食用的，到后来又用来传信和观赏。由于长期人工驯养的结果，全世界的家鸽品种已达300种以上，但大致可分为信鸽、观赏鸽、肉用鸽三大类。

信鸽，又叫飞行鸽，素有"飞行健将"、"航空邮差"、"飞天信使"之美誉。它的飞行能力很强，远飞千里也不会迷失方向，飞行速度每小时为60~100千米，因此被作为通信工具。在第一次世界大战中，德军包围了法国的凡尔登城，用猛烈的炮火摧毁了法方的通讯设备，法军全靠信鸽同外界取得联络。为了纪念一只在第二次世界大战时为保卫比利时而作出了贡献的信鸽，在布鲁塞尔城中心还矗立起一座妇女手托鸽的塑像。中国从1951年开始把军鸽列入军事编制，从全国各地征选大量的信鸽入伍，在过去通讯业不太发达的时代，广泛用在边防、海防线上，传递信件、报纸、药品和机要文书等。

观赏鸽，一般都长得比较漂亮，可供人欣赏。有观其羽色的，如全身洁白、头尾乌黑的"两头乌"；全身洁白、头部黑色的"雪花"；全身黑白相间的"喜鹊"；全身乌黑、头部洁白的"缁衣"等。有观其形态的，如"扇尾鸽"的尾巴能向上翻竖，像孔雀开屏一样；"眼镜鸽"的眼眶大而圆，如同佩戴了一副眼镜；"斤斗鸽"在空中飞翔时能翻筋斗；"球胸鸽"的胸部气囊鼓起来像个气球；"瘤鼻鸽"的鼻部蜡膜则特别发达。

肉用鸽，亦称菜鸽，是专门用来供人吃肉的。其体型比较大，繁殖周期短，种鸽一年可孵育雏鸽6对以上。雏鸽生长快，一月龄长到500克以上，即可上市，被称为乳鸽。中国饲养的肉用鸽良种，现主要有美国王鸽，体重1000克左右，胸部圆阔，尾短上翘，体型美观；法国地鸽，即蒙滕鸽，体重1000克左右，大的可达1250克，不善于飞翔，只能像鸡一样在地上行走；波德斯鸽，又称鸾鸽和瑞士大白王鸽，一般体重1150克，大的可达1500克，亦不善于飞翔；贺姆鸽，有美国的大贺姆、英国的纯种贺姆等，体型适中，在香港、澳门极为畅销；石岐鸽，为中国本地的良种鸽，体重也可达700克以上。

无论是观赏鸽、信鸽还是肉用鸽，都是很好的食材。但观赏鸽珍贵而稀少，人们一般不食用；信鸽要经过艰苦的训练，且为人类作出了贡献，也很少有人去杀来吃肉。在某战场上，有一只信鸽为传递情报负伤牺牲了，士兵

们做了一个精美的盒子埋葬掉了，还开了追悼会。《聊斋》故事说，有个大官把人家送他的名种鸽子也当菜鸽杀来吃了。这真是焚琴煮鹤大煞风景的事。故此，古今中外人们取食的都是肉用鸽。

人们喜爱鸽子，还因为鸽子是和平的象征。据《旧约圣经·创世纪》记载：神发怒要惩罚罪恶的人类，欲用洪水来淹没大地，唯视诺亚是个好人，于是传授他用歌斐木造一只方舟。在诺亚600岁时，2月17日，开天辟地第一回从天上倾泻下来千万条水注，大雨不分昼夜地下了40天，滚滚洪流席卷着人群、牛羊和一切生灵。诺亚带着一家老小以及各种食物，有公有母的飞鸟、牲畜、走兽和昆虫，乘载在他按照神的旨意建造的方舟上，随波漂流长达150天。水渐退时的7月17日，方舟停在阿勒山附近。一天，诺亚放出一只鸽子，但它没有找到可以栖息的陆地。他又等了七天，再把鸽子从方舟放出去。到了晚上，鸽子回到他那里，嘴里叼着一个新拧下来的橄榄叶子，诺亚就知道地上的水退了。

1949年4月，巴黎举行第一次世界保卫和平大会时，法国著名画家毕加索，绘了一幅"和平鸽"的宣传画献给大会；以后他又画了几幅，表示世界和平运动的蓬勃发展。从此以后，许多国家的画家，大都用画"和平鸽"来作为希望和平、热爱和平的象征。中国著名画家齐白石，就曾以自己创作的"和平鸽"巨幅国画来参加保卫和平事业，1956年还荣获了国际和平奖金。在2008年北京奥运会开幕式上，当演员们以精彩的演艺表演鸽子在天空中飞翔的舞姿，以象征世界和平时，立刻赢得了各国观众的热烈掌声。

原鸽 | 摄影/王尧天

旅鸽的绝灭

在美国境内和加拿大南部曾生活着一种候鸟，叫旅鸽，亦被称为漂泊鸠。体长约35厘米，重300克左右。头和背上部为蓝灰色，啄黑色，颈旁有紫红色金属光泽，胸部和腿部暗红色，长长的灰色尖尾几乎占据了体长的一半。

这种鸟在19世纪时，是鸟类中的一支旺族，鸟类学家估计最多时可达50亿只。据1870年有人在美国俄亥俄州河畔的观察记录，一群迁徙中的旅鸽阵长510千米，宽1.6千米，数目不低于2亿只，像巨幅丝绸幕帘覆盖了天空，其所到之处遮云闭日，蔚为壮观。但随着大批移民开发北美西部热潮的到来，旅鸽的厄运也就从此开始了。

由于旅鸽肉味鲜美，喜欢群居和一起飞行，极易网捕和射杀，每年被猎杀的数量以百万计。且因土地开垦，森林破坏，旅鸽无栖息之地，冻死、饿死的无数。尽管马萨诸塞州和其他一些州发布过禁止猎捕旅鸽和保护旅鸽栖息地的通告和法律，但因措施不力，乱捕滥猎、砍伐林木之风未能刹住。有人讥讽"只有慈善家才肯放下手中的猎枪"。为了满足食欲，一个射击俱乐部在一周内就射杀了5万只旅鸽，吃不完的就拿到市场去卖，甚至用来喂狗；还有的专门做贩卖旅鸽肉的生意，开餐馆推销野味，使大批的旅鸽惨遭杀戮。在不到50年的时间里，旅鸽成了濒危鸟类，人们再也看不到巨大的鸽群了。

偷猎者连最后一只旅鸽也不放过，1900年3月的一天，随着一声枪响，最后一只旅鸽在俄亥俄州派克镇的野外被击落。在人工饲养的状况下，1914年9月11日，一只叫玛莎的旅鸽在俄亥俄州辛辛纳提动物园中以俘虏的身份无疾而终。这是唯一幸存下来的旅鸽后代，它的死亡，使旅鸽在整个地球上宣告绝迹。

法国作家戴维斯·西蒙在《消失的动物：美丽生灵的凄凉挽歌》一书中写道："那只老死在动物园的玛莎，被制成标本送进国家博物馆，人们发现玛莎睁着圆圆的眼睛，总是以一种忧伤、冷漠和鄙夷的目光注视着人类，令参观者不忍卒读。"为了让后人铭记这个教训，美国人在最后一只旅鸽死亡的动物园里满怀忏悔地立起了一块纪念碑，上面写作："旅鸽，是因为人类的贪婪和自私而灭绝的。"

其实，旅鸽的灭绝并不是个别的现象。据著名鸟类学家许维枢介绍，从最早出现的始祖鸟算起距今约1亿6千万年，地球历史上总共生存过16万种鸟类，可现在只剩下一万多种了。就在更新世早期，鸟类总数还有12000种。4次冰期对于鸟类的生存是个严重的考验，有25%的鸟类灭绝。更新世晚期，人类出现以后，鸟类灭绝速度大大加快，从平均83.3年灭绝一种到平均3.6年灭绝一种。这不能不说与人类的活动有关。像新西兰的恐鸟和马达加斯加的象鸟的绝灭，都是由于文明世界的人采取了不文明的行为造成的。

又据国际上提供的资料，从16世纪以来，被人类直接消灭或因环境污染和城市工业的发展而灭绝的鸟类有150多种，其中约有1/3是在近半个世纪灭绝的。20世纪60年代末，英国对476种肉食性鸟类进行研究分析，发现其中99%的鸟类体内含有化学毒剂，连南极的企鹅和北极的海鸥也不能幸免。1967年，英伦海峡由于海轮漏油，杀死了30000多只海鸟。鸟类在迁徙时成群撞击高层建筑物或触电的情况也时有发生，在一个高490米的电视塔下，人们一夜之间就捡到了10000多只死鸟。早年报道，英国每年死于高速公路的鸟多达250万只。凡此种种，正在唤醒许多国家和人民迅速行动起来，采取有效措施积极投入到保护鸟类的行列中来。

旅鸽 | 刘东绘图

飞机害怕与飞鸟相撞

看了这个题目，也许有人会说：偌大的现代化飞机，还怕区区小鸟吗？事实是毋庸置疑的。

1960年在美国波士顿飞机场上，一架正沿着跑道风驰电掣地冲向高空的飞机，撞上一群八哥鸟，飞机立刻坠地，62人当即死亡。这类事件在航空史上屡见不鲜。1983年7月16日，一架英国航空公司民用直升机，在北海上空同海鸥相撞，飞机坠毁，20名乘客和机组人员无一人生还。1994年，伦敦希思罗机场一架波音747客机撞上了一群鸽子后坠毁，机上360名乘客和机组人员全部遇难。据路透社报道，近几年来，印度航空公司平均每年大约发生120起严重的飞鸟撞击民航飞机事件，其中有90%是在飞机降落或起飞时发生的，所幸由于绝大多数没撞击要害部位而未造成更大的损失。由此，国际航空联合会已把飞鸟撞击飞机事件列为"A"类航空灾难。

飞机和飞鸟相撞，一般都发生在飞机场周围，而且是在飞机降落或起飞之时。因为大部分鸟类的飞行高度在离地面600米的空域，少数在1000米以上。资料显示，只有1%的飞机撞飞鸟事件发生在距地面800米以上的高空，90%的发生在距地面300米上下的高度，75%的发生在距地面60米以下的范围。

飞机为何常在飞机场周围与飞鸟相撞呢？这是因为飞机场周围是空旷荒野，杂草丛生，有的四周还长满了林木，便于鸟类栖息和觅食；且因飞机一般都是迎风起飞或降落的，而鸟在飞行或在跑道上觅食时，时常也面朝风向，无法看到后面逼近的飞机。即便飞机和鸟面对面，鸟能根据飞机的轰鸣声逐渐增强判断飞机的到来，但由于机场上噪音大，鸟的飞行速度又远不及飞机的滑行速度，如果鸟受惊躲避，或者乱飞乱窜，正好飞到飞机的高度，那么就很有可能同宽阔的机身相撞或被吸入引擎。

飞机和飞鸟相撞又为何有巨大的破坏力呢？这是因为飞鸟与正在飞行或

起飞、降落的飞机相撞时，二者的相对速度很快，可以产生一个相当大的冲击力，也就如同枪弹打在机身上一样。如果飞鸟被吸进引擎，那就更糟糕，轻者破坏涡轮、风扇，重者毁坏发动机，导致飞机更大的损坏甚至坠毁。科学实验表明，如一架飞机以300米/秒的速度飞行，与一只以10米/秒速度飞行的1000克重的小鸟相撞，作用于飞机上的冲击力约为10510千克力，这与一颗炮弹的威力无异。当然，飞机在机场起飞或降落时，速度已大大减低，但上述危险仍然存在。特别是军用飞机，发动机功率大，机速快，飞机场周围的鸟类对其潜在危害就更大。

人能够制造飞机，也能够防止鸟撞飞机。为了避免"鸟祸"，赶走飞机场周围的飞鸟，人们动了许多脑筋。开始是采用人工驱赶、鸣枪示警、夜燃篝火、设立拦鸟网等办法驱散鸟类。现在多从鸟类的听觉、视觉、食性等方面入手制造驱赶鸟类的设备。如首都机场使用的驱鸟王、恐怖眼、恐怖鸟、煤气炮、反光胶带等设备就很有效果。所谓驱鸟王，即把鸟类天敌的叫声贮存在计算机芯片里，用高音喇叭播放，使鸟类惊恐逃离；恐怖眼和恐怖鸟，是利用稻草人的原理，将鸟类害怕的东西或鹰隼一类猛禽的形象挂在机场周围恫吓鸟类；煤气炮是通过电脑操控所发出的"砰砰"巨响来驱逐鸟类；而反光胶带则是利用太阳反光照射的原理吓跑鸟类。

有趣的是，法国斯特拉斯堡恩茨海姆机场，每当喷气飞机起飞时，便放出4只经过驯养的猎鹰，在机场周围盘旋，以吓唬、驱散附近的小鸟。加拿大多伦多国际机场，还专门聘请一位"驯鹰大师"指挥鹰隼为飞机赶走飞鸟。丹麦哥本哈根郊区的一个飞机场，由于经常有天鹅飞来营巢产卵，对飞机有潜在的危险性。他们根据天鹅选中营巢之地后，不再与同类为邻的特点，在距机场跑道200米的范围内，放置了若干只假天鹅，结果真天鹅不再进入机场。

岩鸽成群 | 摄影/宋晔

图腾海东青

史学界把古代的肃慎、挹娄、勿吉、靺鞨、女真，与今天的满族、鄂伦春族、赫哲族等族统称为通古斯族系。为追溯金朝于1153年从黑龙江阿城迁入北京（当时叫燕京，后改为中都）建都和通古斯族系在金朝一次次奋进的历史，2013年9月17日至2014年3月16日，由首都博物馆与黑龙江省博物馆联合举办了"白山·黑水·海东青——纪念金中都建都860周年特展"。整个展览以通古斯族系的精神图腾海东青为切入点，透过大量的文物以及多媒体的展示手段，不仅使人们从某个侧面了解到了金朝从兴到衰的历史，而且追溯到了京城文化的源泉。

李白有诗云："翩翩舞广袖，似鸟海东来。"海东青主产于黑龙江下游及附近海岛，过去的通古斯族系人称海东青为"科赫查"，即"鹘鹰"的意思。他们自唐代一直把海东青作为贡品进献给中原诸王朝，以求平安和睦。那时，皇亲国戚只知道这种鸟美丽俊俏，凶猛异常，但不知道叫什么名字，因为它来自海东，又多是青色的，所以称为海东青。正如宋人庄季裕的《鸡肋编》之所云："鹜禽来自海东，唯青鹘最佳，故号海东青。"又有叶隆礼所著的《契丹国志》记载："女真东北与五国为邻。五国之东临大海，出名鹰，自海东来者，谓之海东青。"

据考证，海东青很有可能是白尾海雕，属鹰隼一类猛禽。其体型巨大健壮，成鸟双翅展开有两米多长，最大的有10多千克重。常栖息在海滨及江河附近的沼泽地，有时也在草原或海拔1400米左右的高山上活动。巢筑于海岸的峭壁上或高大的树上，呈浅盘形，以树枝、羽毛、草根、苔藓等筑成。平时喜欢单独生活，长时间地站立在大树或悬崖上俯视猎物，以捕食鱼类、老鼠、野兔、小鸟、黄羊、狍子等为生。

根据海东青易养易驯的特点，通古斯族系人常把它作为打猎的助手。无

论是上山狩猎还是下江捕鱼，只要猎人带着海东青，就会满载而归。当猎人架着海东青在水面上捕鱼时，海东青就会迅速地飞到离水面10米左右的高度，或振动双翅，或迎风悬停观察水面的动静，一旦发现有可捕获的鱼类，便以迅雷不及掩耳之势扎进水里，将鱼抓获起来交给猎人。古代的赫哲人以渔猎为生，家家户户都晒有鱼鲜。为了防止禽兽偷食，赫哲人用细绳拴住海东青的一只脚，让它蹲在门前的晒架上守护，就是再凶恶的禽兽也要退避三分。

训练得当的海东青在狩猎时是很老练的。当它遇到狼、狍子等比较大的动物时，先是进行长距离的追逐，待猎物在奔跑中耗尽了体力，才开始动手；对旱獭、野兔等小型动物，海东青则是首先占领制高点，然后垂直下扑，给猎物来一个措手不及。它那刚强的翅膀和锐利的脚爪，常可将猎物击倒，再趁热打铁，挖掉猎物的眼睛，啄开猎物的气管，使之无法反抗，"束手就擒"。

然而，海东青的这种狩猎方法并不都是成功的。由于它俯冲的速度太快，发出的呼啸声会惊动猎物向海东青扑来的相反方向逃窜。海东青个体大，无法迅速转弯，使得狩猎归于失败。但是，有经验的猎人是可以克服这个弱点

白尾海雕 | 摄影/王斌

的。当他发现猎物、特别是狐狸和野兔时,并不急于放出海东青,而是先驱马追赶,待猎物晕头转向、疲惫不堪时,再让海东青去捕捉。海东青逮住猎物以后,猎人要马上赶到,配合海东青将猎物毙命。否则,海东青会因为同猎物搏斗受伤或耗尽体力,影响下一步的狩猎。

正因为海东青勇猛强悍,多谋善断,在金元时期甚至有这样的规定:凡触犯刑律而被放逐到辽东的罪犯,谁能捕捉到海东青呈献上来,即可赎罪,传驿而释。因此,当时的可汗贝勒、王公贵戚,为得到海东青不惜用重金购买,成为当时的一种时尚。金代贵族在招待宾客的宴会上,还经常把经过训练的海东青放到空中去捕捉天鹅,用以取乐。当时的皇帝也喜欢做这种游戏,并且把海东青捕获的天鹅,将其毛扯下来插在头上,然后赐从人酒,遍撒其毛。金帝曾专门派"银牌天使"直接到产地索要,清朝则派官兵长时间地住在长白山进行收购和猎捕。当地老百姓也常捕捉海东青幼鸟和掏海东青的卵,进行人工饲养和孵育。由于人类的大量捕捉,现在海东青极为少见,生活在海东青故乡的人们长期未见到海东青。海东青已成为历史上的海东青,精神图腾的海东青。

蓝喉蜂虎

国徽上的珍禽

国徽是国家和政权的标志,它代表着一个国家的尊严,用以表达该国的风土人情、历史文化或意识形态。各国的国徽图案都是由宪法或专门法律确定的。作为人类之友的鸟类,既是大自然的重要组成部分,又是一个国家的重要生物资源,因而被许多国家绘在国徽上。

美国国徽上绘着一只白头海雕,它的一只脚抓着橄榄枝,另一只脚抓着箭,象征着国家的和平和战争的威力;它的嘴叼着一条黄色的带子,上面写着"合众为一",意思是说美利坚合众国是由许多州组成的。这白头海雕是美洲的特有珍禽,体长约1米,两翅伸开2米多长,周身暗褐色,唯头颈和尾部披着雪白色的羽毛,嘴、眼和脚均为浅黄色。生活在沿海或江畔湖旁,巢筑于悬崖峭壁之巅或参天大树之上,以鱼蚌等为食,锐利的爪能抓获四五千克重的大鱼。

美国国徽

澳大利亚国徽左边一只袋鼠、右边一只鸸鹋站在桉树上;中间是一个盾,盾面上有6组图案分别象征这个国家的6个州。这鸸鹋产于澳大利亚及其塔斯马尼亚岛的草原和沙漠地区,是现存世上除了非洲鸵鸟以外最大的鸟,为鸸鹋属唯一的物种。身高1.5~2米,体重30~45千克,重的可达60千克。长相同鸵鸟相似,羽毛以灰褐色为主,长而柔软的羽毛呈蓬松状,耳周围至喉部裸露无羽。翅膀短小,完全不能飞行,但善于游泳、行走和奔跑,每跨一步可达2米多,最快速度高达每小时50千米。所产的卵很大,壳也很厚,每枚500克以上。目前可以进行人工饲养和繁殖。

澳大利亚国徽

巴布亚新几内亚国徽中央是一只极乐鸟停歇在两个战鼓和一根长矛上。极乐鸟属鸣禽类，风鸟科，全世界共有40多个品种，而巴布亚新几内亚就有30多种。其中，体态最美丽的蓝色极乐鸟、顶羽极乐鸟和带尾极乐鸟为巴布亚新几内亚独有。在求偶期间，极乐鸟常常数只伫立枝头，雄鸟一边鸣唱，一边翩翩起舞，甚至像杂技演员似的在树枝上旋转翻滚，将一身鲜艳的羽毛全部抖开迎风飘逸。当在一旁观看的雌鸟看中了雄鸟以后，便鸟语几句，双双飞走配对，进而"生儿育女"。由于这类鸟栖息在人烟稀少的崇山峻岭中，行动神秘莫测，被当地人看做是保佑氏族平安、不受外敌侵犯的守护神，所以又被称为"天堂鸟"。

巴布亚新几内亚国徽

毛里求斯国徽的两侧分别是野鹿和渡渡鸟。渡渡鸟又称多多鸟，仅产于非洲的岛国毛里求斯，体羽以蓝灰色为主，头大，脖子短，喙呈钩状，尾羽上卷，不会飞翔，以岛上生长的一种珍贵的卡尔瓦利亚树的果实为主食。因为渡渡鸟肉质肥嫩，蛋大味美，体大笨拙，16世纪后期，带着猎枪和猎犬的欧洲人来到了毛里求斯，使渡渡鸟惨遭猎杀，就连幼鸟和卵都不能幸免。到1681年，最后一只渡渡鸟也被残忍地杀害了，自此地球上再也见不到渡渡鸟了。渡渡鸟的灭绝，导致卡尔瓦利亚树无法繁衍而濒于绝境。人们发现，这种树的种子藏在外壳十分坚硬的果实内，幼芽自身不能破壳而出，全靠渡渡鸟吞食后经胃肠将果壳磨薄随粪便排出，遇到合适的土壤才能发芽。独立后的毛里求斯，为了铭记殖民统治者的历史罪恶，把渡渡鸟绘在国徽上，并列为国鸟。

毛里求斯国徽

鹰是勇敢、力量、吉祥和自由的象征，也是许多国家的珍禽。国徽上绘有鹰图案的国家甚多。俄罗斯国徽上的双头鹰，鹰头上是彼得大帝的三项皇冠，鹰爪抓着象征皇权的权杖和金球；鹰胸前是一个小盾形，上面是一名骑

俄罗斯国徽

士骑着一匹白马，代表首都莫斯科。印度尼西亚国徽主题图案是一只昂首展翅的印度神鹰，它的尾羽有8根翎毛，两翅各有17根翎毛。"8"和"17"是代表8月17日，这是印度尼西亚独立的日子；这只鹰的爪子还抓着一条小横幅，上面写着著名诗人唐图拉尔的"殊途同归"这句话，用来象征各族人民的大团结。墨西哥是有名的"仙人掌之国"，国徽中心图案是一只兀鹰叼着一条蛇停在仙人掌上。这源于一个故事：传说远古时代，有一个过着游牧生活的阿兹特克部落，太阳神托梦给他们："假如看到一只兀鹰叼着一条蛇停在仙人掌上时，你们就在那里安居乐业。"终于有一天，他们在特斯科湖的一个岛上看到太阳神所说的情景，便在这个地方定居了下来，从而成为墨西哥的始氏族。奥地利国徽也绘着一只雄鹰，这只鹰的胸前挂着奥地利的国旗盾形图案，还配有被打断的锁链图案，它象征着全国人民得到了自由和解放。此外，德国、巴拿马、哥伦比亚、智利、玻利维亚、厄瓜多尔、伊拉克、亚美尼亚、阿拉伯叙利亚、埃及、阿尔巴尼亚、尼日利亚、约旦、也门、菲律宾等国徽上，都绘有鹰的图案。

　　以珍禽的形象作为国徽图案的国家还有许多。如巴巴多斯国徽，右边是一只白、橙、褐、蓝漂亮羽毛的鹈鹕；津巴布韦国徽顶端、红五角星前面，绘着一只圣洁的津巴布韦鸟（红脚茶隼）；危地马拉国徽上有一只绿、红、黄艳丽羽毛及尾羽长长的格查尔鸟，又被称为"自由之鸟"；乌干达国徽在中央的梭形盾牌图案右侧绘一只皇冠鹤，这是世界上15种鹤类中最长寿的一种鹤，寿命可达100年以上，被誉为"鹤类之王"；阿拉伯联合酋长国国徽绘的是一只珍贵的黄色隼，隼的胸前图案是一艘行进的帆船，隼的爪下写的是"阿拉伯联合酋长国"；苏丹国徽上绘有一只秘书鸟，这是一种世界上稀少的猛禽，因头后有一排长长的羽冠、每一根都像古代西方国家秘书们使用的羽毛笔而得名；特立尼达和多巴哥国徽左侧是一只朱鹭，右侧是一只火烈鸟，中心的盾形图案上方是两只蜂鸟，均为名贵珍禽。

蛇雕与传说中的鸩

一条蛇在草丛里溜来溜去，一只蛇雕突然从空中俯冲下来用铁钳般的利爪从背后给了它沉重的一击。蛇被惹怒了，从嘴里伸出又细又长的分叉舌头，翘首半米多高，想去咬蛇雕的颈部。哪知此鸟已经升高，并在空中鸣叫着。在蛇雕再次俯冲下来的时候，蛇虽然做好了抵抗的准备，但终究头部被蛇雕那鹰一般的勾嘴喙了一口。正当蛇剧痛的时候，蛇雕又对准蛇的头部猛喙一口，疼得蛇在地上翻来滚去。趁此机会，蛇雕用脚踩住蛇的颈部，嘴不停地啄蛇的头部。此时，蛇要咬咬不着，想缠缠不住，只能拼命地摆动腹部，任凭蛇雕猛啄猛撕。蛇开始还竭力挣扎，后来动作越来越慢，终于奄奄一息了。蛇雕也真够厉害的，未等蛇断气，就将这条1米多长的蛇从头部开始，慢慢地囫囵吞进肚内。

这是笔者在湖南绥宁县黄双自然保护区第一次看到蛇雕捕蛇的情景。这真是：人道蛇捕鸟，岂知还有鸟捕蛇！

蛇雕俗称吃蛇鸟，又称大冠鹫、白腹蛇雕。体长约70厘米，体重1千克以上。头部有黑色并夹杂着大片白色斑点的冠羽，上体和两翼暗褐色，下体

蛇雕　摄影/戚盛培

土黄色，颏和喉部具暗褐色横纹，喙呈灰绿色，眼和脚黄色，爪黑色。胸和腹部有形如梅花鹿背部的白色斑点纹，故过去台湾猎人称此鸟为"鹿纹"。

这种猛禽主要生活在热带和亚热带潮湿的林间空地或蛇类丰富的耕地附近，营巢于靠近河溪旁的树枝上。鸣声凄厉，行为怪异，常单独或成对地在空中慢悠悠地盘旋，休息时停在开阔地区的树枝顶端或岩石上。除了吃蛇外，也吃蜥蜴、青蛙、老鼠、小鸟和甲壳类动物。在中国被列为国家二级重点保护动物，产于华东、中南、西南等地，属地方性留鸟，其数量稀少。

蛇是一种身体细长、溜滑，很不容易猎获的冷血动物。即便逮住了，它那卷曲的蛇体，也会胡搅蛮缠地将捕获者死死地缠住，其巨大的缠力，足以使冒险者受到伤害。若是毒蛇，还有一副难以抵御的毒牙，更使许多进攻者望而生畏。但强中更有强中手，蛇雕的身体结构好像专门是为捕蛇设计的。它的脚爪相当锐利，能够像钳子一样抓住蛇那滑溜溜的身体，使蛇难以逃脱。它那从腿到脚所覆盖着的厚实鳞片，像铁甲一样一片片地连接在一起，能够抵抗蛇的毒牙进攻；如蛇咬它的身体，又会被支撑着的翅膀和丰厚的羽毛所阻挡。因而，蛇被擒获以后，任其怎样挣扎也很难逃脱。

有趣的是，蛇雕在喂雏时，亲鸟捕到蛇之后，并不完全将蛇吞进肚内，而是留出一小段蛇尾在嘴外，以便回巢后，能让雏鸟叼住这段尾巴，将蛇拉出来再行吞食。

据文献记载，古人将吃蛇的鸟称为鸩。如清代徐珂《清稗类钞》："鸩……状似鸦，紫黑色，赤喙黑目，颈长七八寸，好食蛇。"南北朝陶弘景《本草集解注》："鸩鸟，出广之深山中，啖蛇。人误食其肉立死。"明代邝露《赤雅》：鸩在邕州，"其种有二：一大如鸦，黑身赤目；一大如鸮，毛紫绿色，颈长七八寸。雄曰运日，雌曰阴谐。声如羯鼓，遇毒蛇则鸣声邦邦"。李时珍在《本草纲目》中介绍得更加详细："按《尔雅翼》云：鸩似鹰而大，状如鸮，紫黑色，赤喙黑目，颈长七八寸"；还说它食蛇及橡实，蛇入鸩口即烂。

有能力捕蛇吃的鸟相当少，除蛇雕外，还有猫头鹰、兀鹫等也吃蛇。"鸩"这名字，或许泛指捕蛇吃的鸟，或许单指某种吃蛇的鸟。值得探讨的是，古人认为鸩是有毒的鸟，将它的羽毛浸泡在酒中，就能制成毒酒，并由此引出了"饮鸩止渴"这个成语，用来比喻用毒酒解渴，虽苟且于一时而不顾后患。

古籍中还有许多关于以鸩酒自杀、赐死和暗杀的记载。如《汉书·齐悼惠王刘肥传》："太后怒，乃令人酌两卮鸩酒置前，令齐王为寿。"《汉书·肖望之传》："因令太常急发执金吾车骑驰围其第……竟饮鸩自杀。"《晋书·庾怿传》："帝曰：'大舅已乱天下，小舅复欲尔邪！'怿闻，遂饮鸩而卒。"《国语·鲁语上》："晋人执卫成公归之于周，使医鸩之"等等。

世界上没有毒鸟，鸟的肉和羽毛也是没有毒的。古人将鸩误认为是毒鸟，大概是因为这类鸟所吃的蛇中有很多是毒蛇，而致使它们的全身也含有毒素，进而以讹传讹；或者是因为"酖"与"鸩"字相通，古人将所有的毒酒统称为"鸩酒"，而塑造了一个鸩的形象……这一切，都有待于我们去研究。

蛇雕 ｜ 摄影/戚盛培

鸟国拾趣 niaoguoshiqu

简明鸟类分类

全世界现存的鸟类约有203科10394种（2015年HBW数据）。中国有101个科，439属1371种，居世界各国的鸟类之冠。为了识鸟的方便，科学工作者根据对鸟类生物学的研究，给鸟进行了分类。

从居留类型上分，鸟类可分为两大类：一类是候鸟，一类是留鸟。候鸟是随着季节的不同，沿着固定的路线，在繁殖区和越冬区之间移居的鸟类。如鸿雁、椋鸟、麦鸡、丹顶鹤等，每年在寒冬到来之前，飞往南方生活，翌年气候转暖以后，又返回原来的地方"生儿育女"。留鸟则是终年栖息在一个地方、不做秋去春来迁徙的鸟类。如我们熟知的麻雀、喜鹊、大山雀、鹩哥等，均属此类。像城镇的乌鸦，冬秋季飞到市郊觅食，夏春季到附近的山区产卵育雏，迁飞不过百十余里，仍然属于留鸟。

候鸟又分为夏候鸟和冬候鸟。在一个地区，春夏季飞来营巢产卵、秋冬季飞到南方越冬的称为夏候鸟；秋冬季飞来越冬、春夏季北去营巢产卵的称为冬候鸟。由于中国幅员辽阔，南北的气候悬殊，像丹顶鹤、白骨顶、红骨顶等，在南方是冬候鸟，在北方则是夏候鸟。所以夏候鸟和冬候鸟的划分，是有一定的地域性的，并不是一成不变的。

在候鸟中，还有一些鸟，它们既不在我们这里繁殖，也不在我们这里越冬或度夏，只是在南北迁徙的时候路过这里，这种鸟被称为旅鸟或过境鸟。如金鸻、白腰杓鹬，每年都要从新疆、青海等地经过，它们只是在那里暂住几天或一二十天就又启程了，如同行者一样。此外，还有一些鸟在迁徙中，由于气候的变化或食物的引诱，暂时逗留在它平常不居住、不往来的地方，这种鸟称为迷鸟。假如在北京看到了埃及雁，在福建沿海看到了天鹅，就属于此类。

按照鸟类的生态类群来分，还可以分为攀禽、涉禽、游禽、陆禽、猛禽和鸣禽六大类。

所谓攀禽，就是能在树干上攀缘生活的鸟。它们的嘴、脚和尾羽的构造都很特殊。如交嘴雀在攀树时，能用嘴咬住树枝，甚至把整个身子吊起来；啄木鸟的脚趾两趾向前，两趾向后，一上树就能把树干抓得牢牢的，并能靠尾羽支撑着身子。大多以树洞为巢，采食树上的果实、虫子和嫩叶等。

涉禽的颈、嘴、腿和脚趾都很长，主要栖居在池塘、湖泊、沼泽地带的密林里或芦苇丛中，休息时常单脚独立，乐于在浅水中涉足并捕获鱼虾、蛙类、贝壳等食物，但不会游泳，水陆都可以生活，飞行时头、颈、腿前后直伸，看上去十分美丽。如朱鹮、白鹳、苍鹭、白腰杓鹬、丹顶鹤等。

游禽顾名思义，就是善于游泳、习惯在水中生活的鸟。它们的脚趾之间有蹼相连，嘴宽而扁平，一般都是潜水取食，飞行时速度很快，在陆地上行走则很笨拙，巢筑于水面上、沙滩上或沼泽的植物丛中。如鸊鹈、绿头鸭、鸳鸯、海鸥、鸬鹚等。

陆禽也可称走禽，大都不善于长途飞行，只会奔驰和滑翔。它们的脚爪锐利，喙坚硬，喜欢掘土和在草丛中觅食，食性很杂，既吃昆虫杂草，也吃浆果种子，多数没有固定的巢窝。雌鸟和雄鸟的羽姿有明显的差异，雄鸟美丽，雌鸟次之。如孔雀、环颈雉、原鸡等。

猛禽包括鸟类中的隼形目和鸮形目两种。前者的羽毛以褐色为主，具有弯曲的嘴、强健的脚和锐利的爪，翅膀宽大有力，擅长翱翔在空中伺机捕食小禽小兽，有的还吃动物的尸体，如金雕、秃鹫、红脚隼等；后者除具有前者的钩嘴、利爪和体羽以褐色为主外，还具有夜间视物的本能，其外貌丑陋，叫声凄厉，以鼠类为主食，如长耳鸮、猴面鹰、红角鸮等。

鸣禽一般体型比较小，鸣管发达，善于啭鸣，机警灵活，巢筑得十分精致，以杂草、种子、昆虫等为食，如黄鹂、画眉、麻雀、八哥、百灵、喜鹊等。此外，不属于上述五种范畴的鸟类，通常也归于此类。鸣禽在鸟类中是一个大家族，约占世界鸟类的65%。

如果再分细一点，按照鸟类的品种来分，那就更多了。倘若将每个科目、每个种群一一道来，那是这篇短文无法论及的。不过，按照人们习惯的分类方法还可以（不代表专业分类），依据鸟类的外貌、生活习性、活动本能，可以把同种类型的鸟类归为一类。如雉类就包括其中的红胸角雉、灰腹角雉、黑头角雉、血雉、白马鸡、褐马鸡、红腹锦鸡、白腹锦鸡、白鹇、孔雀等；鹤类就包括其中的丹顶鹤、黑颈鹤、赤颈鹤、白头鹤、白枕鹤、蓑羽鹤、白鹤、灰鹤、加拿大鹤等；鸭雁类就包括其中的绿头鸭、秋沙鸭、针尾鸭、白眉鸭、赤麻鸭、鸿雁、灰雁、豆雁等；鹭类就包括其中的白鹭、黑鹭、苍鹭、牛背鹭等等。

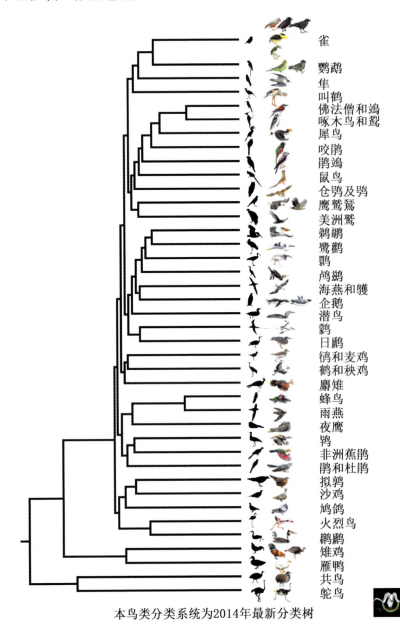

本鸟类分类系统为2014年最新分类树

鸟类的环志

一位小朋友在花园里捕到了一只鸟,慌忙拿给我看,那只鸟脚上套着一个醒目的金属环,上面打印着国家机构、通讯地址、鸟环类型和编号。

这是鸟类环志机构统一制作并由专业人员套上的鸟环。我建议这位小朋友将捕获的地点、时间、环上的标志和号码写下来,寄给这个环志机构,同时把鸟立刻放飞。我还告诉她,如果是死鸟,除了写明拾到的地点、时间外,还要将鸟环取下来,返还环志机构,供科研人员分析和研究鸟类迁徙规律。环志机构将会回寄纪念品,以资鼓励。

那么,什么是鸟类的环志呢?综合多方面的解释,是将野生鸟类捕捉后进行基本数据的检测登记,按国际通行的印有特殊标记的金属或其他材料佩戴或植入鸟体上,然后将鸟放飞,通过再捕获、野外观察、无线电跟踪或卫星跟踪等方法,获得鸟类生物学和生态学等方面的信息。

鸟环大多是用铜镍合金、铝镁合金材料制成,也有极少数用的是塑料。一般套在鸟的跗跖上,但有时也套在颈部。颈部套环,只适应于诸如天鹅、鸿雁、黑鹳、白鹤、白鹭等长颈鸟的种类。其环的规格,则主要是根据鸟的跗跖大小、脖子的粗细来确定。内径最小的只有2毫米,最大的可达26毫米。无论是套在脚部或颈部上的环,都不可太紧或太松,以上下能够移动而又不致脱落为宜。环面上的符号、数码和通信地址要打印清楚,以利于环的回收。

开展鸟类环志工作,是研究鸟类迁徙的好办法。每年秋季,许多在北方繁殖的候鸟,带着幼鸟成群结队地飞往南方过冬,翌年春季又返回北方产卵育雏。我们在某一捕捉点给这些候鸟套上环,详细记录有关数据后放飞,当这些候鸟再度或三度被捉,经比照,就可以知道这些候鸟迁徙的线路、高度、时间、速度和范围等。这对保护和合理利用候鸟资源,对科研、植物保护、优化环境、制定政策等都具有重要的意义。对留鸟的环志,主要是研究它们的生活史，即研究它们自卵中孵出至死亡期间的全部情况。例如：我们给一批刚出世的灰喜鹊套环，3年以后发现它们死了一部分，4年以后发现它们又死了一部分，5年以后已所剩无几了，这就可以说明灰喜鹊的平均寿命是3~4年。

中国早在2000多年前的战国末期就有关于候鸟迁徙的记载："孟春之月鸿雁北，孟秋之月鸿雁来。"（《吕氏春秋》）据说吴王宫中有一宫女，就曾经用红线缚在燕子的脚上作为标记，以试验其是否能在第二年飞回来。中世纪时期，许多国家还有人把捕获到的鹭套上环或系上薄片进行放生。而用系统的、科学的方法开展鸟类环志工作，则始于1899年。这一年，丹麦鸟类学家马尔顿逊把刻有系列号码的铝环套在鸟的脚上，进行鸟类迁徙的研究。他所用的这种鸟类环志法，引起了欧洲鸟类学工作者的注意，立刻被许多国家所采用。德国就于1903年在波罗的海沿岸建立了世界上第一个由官方主办的环志站。

中国鸟类环志工作起步较晚。1982年在中国林业科学研究院建立了全国鸟类环志中心，1983年在青海湖鸟岛自然保护区正式进行了鸟类环志试验，后又根据候鸟分布情况，在候鸟的集中繁殖地、中途停息地和越冬地建立了50多个环志站点。截至2011年年底，中国已累计环志鸟类800余种200多万只。其中2008年环志鸟种430余种，环志数量31万只，达到历史最高水平。从回收的环志鸟资料分析，无论在繁殖地或中途停息地所环志的候鸟，成鸟或幼鸟一般于当年抵达越冬地，极少数在次年春初抵达越冬地。其迁徙路线主要有3条：东路沿海向南迁飞；中路跨越黄河、长江向南迁飞；西路可沿横断山脉南下，亦可穿越喜马拉雅山南飞。

丹顶鹤 | 摄影/王斌

古人爱鸟的故事

商汤怒拆三面网

商汤在未推翻夏朝之前是个诸侯。他所在的诸侯国,山清水秀,林木丛生,是鸟儿栖息的乐土。

一天,有一个猎人侦察到了候鸟迁徙的路径,便在山坳口上扫开道路,空出通道,四面都张起了编织的大网。这位猎人一边看着鸟儿自投罗网,一边跪在地上祈祷说:"鸟儿鸟儿天上飞,愿四面八方的鸟儿都飞到我网里头……"

猎人的行动,被商汤巡视山林时看见了,"哎!你这是要一网打尽啊。"他怒发冲冠,立刻和随从将猎人所布下的四面网拆去了三面,然后教这位猎人重新祈祷:"鸟儿鸟儿天上飞,愿到东的到东,愿到西的到西,不愿去的就留在网里头……"

西汉司马迁在《史记》中记载了此事:"汤出,见野张网四面,祝曰:'自天下四方,皆入吾网。'汤曰:'嘻,尽之矣!'乃去其三面。祝曰:'欲左,左;欲右,右。不用命,乃入吾网。'"由此,后来还有"网开一面"或"汤去三面"的成语,泛言普施仁德。

商汤的用意是让大部分鸟儿逃走,只抓一小部分。他这种控制鸟类捕捉量以促进鸟类繁衍的做法,当时不仅让这位猎人深受教育,而且得到了各诸侯的赞许,说他"有德性"。有的书甚至记载:"汤之德及于禽兽矣","四十国归之"。

魏征谏劝太宗不狩猎

魏征在历史上以敢于直谏著称。据说,他先后向唐太宗提过200多次意见和建议。尽管有时太宗很不高兴,但他善于周旋,敢于"犯颜直谏",深受太宗的敬重。

唐太宗喜欢狩猎,一次有人给他送来了一只猎鹰。这猎鹰凶猛俊秀,训练得体,是捕捉小禽小兽的能手,于是勾起了太宗外出捕猎的念头。这天,他正在便殿欣赏猎鹰,忽见魏征健步而来,慌乱之中将猎鹰藏在怀里。魏征早就看在眼里,却装着不知,上前向太宗商讨国事。花了好长时间,怀里的猎鹰闷得难受,挣扎了起来,太宗只好用手死死地捂住,使猎鹰不再动弹。魏征谈完国事,又闲扯狩猎误国和保护鸟类的好处,故意拖延时间。待魏征走后,太宗赶忙解开衣扣,只见猎鹰满嘴是血,早已呜呼哀哉了。

晚上,唐太宗翻来覆去睡不着。他老是想着白天的事,体会到这是魏征的无声谏劝,触动了他治国爱鸟之心,决定不再去狩猎。

李隆基降旨焚毁百鸟衣

在封建社会的唐朝,宫廷里的帝王将相们,常以狩猎来寻欢作乐。韦后和安乐公主等人竟别出心裁,用百鸟之羽做裙子,用百兽之毛做鞯面(垫马鞍用的鞍鞯面料)。她们一带头,朝中大小官吏也学着来,上行下效,以鸟羽兽毛做奇装异服的人越来越多。目睹大批的珍禽异兽惨遭捕杀,许多有识之士敢怒不敢言。

唐玄宗李隆基登基以后,立刻根据姚元之和宋璟的奏折,降旨宫中把这些鸟羽做的衣服和兽毛织成的鞯面全部交出来,当众烧毁;并亲自到宫中巡视,不准怠慢、隐瞒和反抗。

过不多久,他又重申唐高祖武德元年,先皇明令禁止进献奇禽异兽的旨意;规定春、夏季不准采集鸟卵、捕捉幼鸟和幼兽。特别是宫中严禁做百鸟衣和鞯面,有不听劝告者,处以刑罚。就这样,很快将这股全国性的滥捕滥猎鸟兽之风煞住了。

苏东坡爱鸟源于慈母心

苏东坡的少年时代是在四川度过的。他家门前有一处灌木丛林，不少鸟类在上面筑巢，仅"桐花凤"等珍禽就有好几十只。"是时鸟与鹊，巢毂可俯拿。"尽管鸟巢筑得很低，甚至唾手可得，但苏东坡和弟兄们不仅不去掏巢，反而还经常给鸟鹊提供食料。后来，苏东坡托词于"野老"：鸟巢离人太远，会受到蛇、鼠、狐、鸱、鸢等侵扰；人不捕鸟，鸟在人的保护下筑巢会更加安全。

苏东坡长大成人出外做官。有一次省亲船行川江，涪州旧友送给他一只叫"山湖"的名鸟，羽裳斑斓，乖巧温顺，十分迷人。苏东坡爱不释手，欲留，恐它离群悲鸣；想放，又怕它被鹰隼所害，于是赋诗道："终日锁筠笼，回头惜翠茸。谁知声哗哗，亦自意重重。夜宿烟生浦，朝鸣日上峰。故巢何足恋，鹰隼岂能容。"虽然有些书生意气，但终究把这只可爱的小鸟放归林中去了。

苏东坡的这种爱鸟之心，源于母亲的谆谆教诲。早在孩提时期，苏母就经常对他说："花在树则生，离枝则死；鸟在林则乐，离群则悲。"反复告诫孩子不要掏鸟蛋，不要捣鸟巢，不要捕捉飞鸟。正是由于慈母的熏陶，使苏东坡从小就养成了爱鸟的习惯。为了铭记慈母的功绩，苏东坡还专门写了一篇文章——《记先夫人不残鸟雀》。

郑板桥提倡解放笼中鸟

清代著名画家、文学家郑板桥毕生喜爱珍禽。他不仅画鸟、咏鸟，而且对如何保护鸟类发表过许多精辟独到的见解。

对于笼中养鸟，大部分人认为既可以陶冶性情、调剂生活，又可以美化居室，给人增添无限的乐趣，而郑板桥却不以为然。他在《潍县署中与舍弟墨第二书》中道："……平生最不喜笼中养鸟。我图娱悦，彼在囚牢，何情何理，而必屈物之性以适吾性乎！"弟弟读到他的信，说他只是画鸟咏鸟而不爱

鸟，是十足的伪君子。面对误解，他在《书后又一纸》中解释："所云不得笼中养鸟，而予又未尝不爱鸟，但养之有道耳。欲养鸟莫如多种树，使绕屋数百株，扶疏茂密，为鸟国鸟家。将旦时，睡梦初醒，尚辗转在被，听一片啁啾，如《云门》《咸池》之奏。及披衣而起，颒面漱口啜茗，见其扬翚振彩，倏往倏来，目不暇给，固非一笼一羽之乐而已。大率平生乐处，欲以天地为囿，江汉为池，各适其天，斯为大快。比之盆鱼笼鸟，其钜细仁忍何如也！"

成语"爱屋及乌"，是指爱一处房屋，也爱那屋顶上的乌鸦。保护鸟类首先要保护其生存环境。郑板桥提倡解放笼中鸟，呼吁"欲养鸟莫如多种树"，努力建立"鸟国鸟家"，让鸟儿自由飞翔，展翅振彩，并且以"天地为囿，江汉为池，各适其天"的自然情趣为大快。在今天看来，这种寓娱乐于保护生态平衡的科学思想是值得称道的。

林则徐吟台放鹤展翅飞

吟台四鹤舞蹁跹，引吭齐鸣立几前。

似欲长叨廉吏体，不思比翼上青天。

这首诗的作者无法查考，所吟咏的乃是中国近代史上的一位民族英雄林则徐在吟台放鹤的故事。

林则徐出生在福州一个下层封建知识分子的家庭里，从小就喜爱白鹤。在他的青壮年时代，曾作《观鹤》诗。诗曰："高胫迎风立，长吭逐雨销。终当厉双翔，万里奋云霄。"还仿其父林宾日那格调高雅的《饲鹤图》，邀请画家绘《饲鹤第二图》和《饲鹤第三图》，经常出示给友人欣赏题咏。

清代道光三十年（1850年）春，林则徐退休归里，从昆明带回两只白鹤。在他的故居，原饲养着两只白鹤，加上他带回的这两只，珠联璧合，一双一对，确实惹人喜爱。看着这两对恬静、高洁的白鹤，林则徐心情有些不平静了：他回想起先祖在杭州孤山放鹤的遗影，觉得白鹤虽然可爱，但它是祖国的珍禽，岂能做自己的玩物？于是，他在这年的六月，亲自到光禄吟台叶敬昌宅的四向亭前，将4只白鹤全部放飞。同年11月，林则徐带病奉旨赴广西执行任务，不幸死于潮州途中。噩耗传来，乡亲们无不悲咽。没过多久，人们在他放鹤的地方，摩崖镌刻"鹤磴"两个大字，并在旁边提了本故事开头的这首诗。数年前，书法家佛子明壁（赵玉林），还在此处的假山东边立一块"鹤磴"石碑，以纪念林则徐放鹤之事。

群鸟 摄影/宋晔

国外的爱鸟情

设立鸟医院

人看病，鸟也要看病，但看病必须有一定的场所，世界上许多国家都设立了鸟医院。

法国为了拯救受石油污染而濒临死亡的海鸟，在圣保罗德莱昂专门设立了一座鸟医院。鸟类学家们云集在这里，先用特制的肥皂水将病鸟洗干净，然后进行精心治疗，使它们尽快恢复健康，早日飞回大自然的怀抱。德国的埃森地区，有一所鸽子医院，不仅为家鸽看病，而且也为野鸽看病。据统计，每年仅治疗肿瘤、骨折和重感冒的鸽子就有1200多只，深受人们的欢迎。印度新德里街中心，由政府拨款，修建了一座飞禽医院。这所医院专门治疗各种伤残病鸟，对恢复健康的鸟，则派专人送到郊外放生；对不能独立生活的鸟，则精心照料直至它们自然了此残生。

给鸟建造大厦

多年来，科学工作者创造了一种留居鸟类的好办法——给鸟建造大厦。

美国伊利诺伊州有一个小城市,蚊子十分猖獗,人们想借助燕子灭蚊,便建起了一幢有1028间住房的大厦,使成千上万只燕子在这里长久居住,蚊子遭到了捕灭。为了招引鸥椋鸟捕食害虫,美国加州在查尔斯湖畔建起了一座鸥椋鸟大厦。这座大厦高达37米,设有数百个泥巢,可供5000多只鸥椋鸟栖息、产卵、孵卵和抚育后代。大厦周围还专门派人看守,对于无故进入大厦的人员一律予以制止。

为鸟树纪念碑

鸟类是人类的亲密朋友。它不仅把大自然点缀得更加美好、给人的生活环境增添色彩和乐趣,而且能保护农林业生产的发展,起着维护自然界生态平衡的作用,其功勋是不可磨灭的。

1848年,美国在开发西部地区时遭到了蝗灾,海鸥群集一举全歼,夺得了农林业的好收成,使居民们免受饥饿。为表彰海鸥的功绩,民众捐款在圣地亚哥竖起了一座海鸥纪念碑。1860年,美国从欧洲引进麻雀,用来对付波士顿地区的毛虫。这些麻雀忠实地守卫在自己的岗位上,年复一年地消灭害虫,于是政府拨款在附近竖起了一座麻雀纪念碑。加拿大人非常喜欢秋去春来的野雁,在贯通东西海岸的公路上,特为野雁竖起了一座纪念碑。碑顶上雕塑的那只栩栩如生的野雁,仿佛在展翅飞翔。

给鸟让路

俗话说:"鱼有鱼路,虾有虾路。"同样,鸟也有鸟路。当鸟和人在一条路上同行的时候,人应该主动地让路给鸟。

在澳大利亚的布鲁拿岛上,每年都有不可计数的小鸟沿着一条崎岖小道徒步"行军",时间长了,便踩出了一条鸟路。由于这些鸟翅膀短小,飞翔能力差,长期徒步行走于路上,岛上修建公路以后,它们仍然按原路前进。尽管喇叭催赶、大车"压境",鸟儿们还是不肯躲避,因而死伤于车祸的特别多。当地政府得知这种情况后,专门为这些鸟修了一条地下通道,请其循路

过往，但是鸟儿们根本不理睬，拼死拼活也要照原路行进。有鉴于此，政府只得让步，在鸟儿与汽车通过的地方设立路标，要求司机减速，给鸟让路；如压死小鸟，则要受到经济惩罚。

用飞禽公园宣传鸟类知识

为了宣传鸟类知识，组织群众树立爱鸟之风，世界许多国家修建了飞禽公园，或称之为"鸟类大观园"。

新加坡是个城市国家，居民们很少看到山林里欢蹦乱跳的鸟儿。政府除了在圣淘沙岛、武吉知马等处建有自然保护区，以保证鸟类的繁衍发展外，还建立了全球最大的裕廊飞禽公园，来弥补城市鸟少的缺陷。这座公园占地20.27公顷，内设95个展览鸟馆，放养禽鸟350多个品种8000多只。从南极的企鹅到北极的燕鸥，从最大的鸵鸟到最小的蜂鸟，天下珍禽，几乎都可以在园内观赏到。最奇特的是那个夜鸟展览馆，科学工作者利用照明技术，让该馆白天变成一个繁星闪烁、皓月当空的夜晚，并播放有森林中的动物、夜鸟和昆虫的各种叫声。在这里，游客们可看到夜鹭、猫头鹰、夜莺等夜鸟在夜晚活动的情况，好像进入了一座天然的夜鸟林似的。然而晚上一闭馆，则馆内灯火齐明，烈日高照，如同白昼，让鸟儿补上了白天的生活。

选评国鸟

近200多年来，世界上许多国家采用评选国鸟的办法保护鸟类。这些国鸟，有的是捕捉害虫害兽的能手，有的是濒于灭绝的珍禽，有的是因为外貌美丽而被选中，也有的是由于强悍勇敢而作为民族精神的象征。

第一个选评国鸟的是美国。1782年，美国国会为了使本国特产的白头海雕不致绝种，通过决议案把它定为国鸟。绿雉是日本的珍禽，长长的尾羽常常被古代武士做头盔上的装饰，日本在1947年选定其为国鸟。英国在1960年通过公民投票，选定欧亚鸲为国鸟，这种鸟善于捕捉害虫，被誉为"上帝之鸟"。澳大利亚把尾羽像竖琴的琴鸟作为国鸟。德国把潇洒秀丽、文雅洁白的白鹳作为国鸟。印度把美丽温顺的蓝孔雀作为国鸟。巴哈马把红得发紫的加勒比海红鹳作为国鸟。安第斯神鹫，也就是凶猛异常的康多兀鹫，被智利、玻利维亚、哥伦比亚等作为国鸟。阿尔巴尼亚称为山鹰之国，人民自称是山鹰的儿子，山鹰即是他们的国鸟。截至目前，全世界已有120多个国家和地区选定了国鸟。

开展"爱鸟节"等活动

世界许多国家政府为了改变鸟类日趋减少和许多珍禽濒临灭绝的状况，组织人民群众开展爱鸟护鸟活动，通过法律条文，规定了本国的"爱鸟日"、"爱鸟节"、"爱鸟周"、"爱鸟月"或"爱鸟年"。

《世界保护益鸟公约》规定，每年的4月1日为"国际爱鸟日"。

日本从1947年开始，每年都要召开一次全国性的爱鸟会议，举行"爱鸟周"活动，现在开会的地点由东京移至各县轮流举办。俄罗斯早在列宁和斯大林时代，就重视保护伏尔加河三角洲等地区的珍禽异兽，尔后又在国内规定了"爱鸟节"，组织群众性的爱鸟活动。德国保护鸟类的办法更是有趣，他们规定每年都是"鸟类年"。即每年年初，由鸟类保护协会宣布这一年应该特别注意保护的某一种鸟。如1980年为"鹳雉年"、1981年为"黑色啄木鸟年"、1982年为"麻鹬年"……2009年为"翠鸟年"。在"鸟类年"里，生物学家们要对指定的鸟儿进行生态系统的研究和提出保护性措施，新闻媒体也围绕着"鸟类年"中所指定的鸟儿进行科普宣传。

新中国成立之后，公布了一系列法令、法规、办法等来爱鸟、护鸟，依法保护鸟类，各省（自治区、直辖市）每年都有"爱鸟周（日）"，宣传爱鸟、护鸟。

成立爱鸟团体

爱鸟是人心所向，一些发达国家都成立有人数众多的政府和民间爱鸟团体，自发地开展各种爱鸟活动。

在德国，参加爱鸟协会的有平民百姓，也有政府官员和科技工作者，高达几十万人。只要会员们发现鸟儿在树上筑巢产卵，不管这棵树属谁所有，他们都要自动组织起来，在树上钉上严禁骚扰的牌子，并派人轮流守护，直到小鸟孵出会独立生活才撤离。在英国，除了政府设有全国鸟类保护委员会和一个少年爱鸟俱乐部之外，还有许多保护鸟类的民间团体，大都由一些鸟类爱好者组成。其中最大的是英国皇家保护鸟类协会，共有10个分会，35万名会员，并在全国设有87个鸟类保护区。在日本，还成立了一个全国性的观鸟协会，现有会员近两万人。这个组织的座右铭是："爱护大自然，在大自然中与野鸟交朋友。"他们在许多鸟类保护区建起了观察所，供人们观赏和研究鸟类。

给鸟投放食料

爱鸟，需要有爱鸟的社会风气。给鸟投放食料，是保护鸟类的重要措施之一；尤其是在寒冷的冬天或食物匮乏的时候，更是给鸟类提供了食物之源和生存之本。

在英国的伦敦，无论大人或小孩都不打鸟、不掏鸟巢，平日特别是风雪交加之时，总有一些爱鸟者将食物撒在鸟类栖息的地方，供鸟食用。那些大胆的麻雀，甚至登堂入室，到厨房、饭厅求食，市民们都给予方便。在瑞士的日内瓦，莱蒙湖滨生活着许多美丽的天鹅，由于冬天觅食困难，市民们便送来了面包、饼干、牛奶和鸡蛋，使它们有足够的冬粮。在斯里兰卡的科伦坡，居民们在进餐时，总忘记不了天空中的鸟儿，他们把吃剩下的残肴丢到门口和屋顶供鸟享用；屠夫、肉店老板在饭前或饭后，则把一些肉类的杂碎剁烂，扔给鸟吃。在法国的巴黎，无论是街头巷尾还是空旷的广场，经常可以看到成群结队的鸽子，它们极受市民的宠爱，人鸽和睦相处，连以胆小怕人著称的山雀也敢混在鸽群中啄食人们投喂的面包及巧克力。在尼泊尔的加德满都，人们常常把小麦、玉米、花生或剩饭剩菜放在自制的食篓中，悬挂在房前屋后的树上，以招引、喂养各种鸟。